내 아이는 자폐증입니다

일러두기

- 발달장애, 의학 등의 전문 용어는 한국에서 사용하는 용어로 순화했다.
- 일본과 한국의 차이점 등 그 외 추가 내용은 감수자의 설명이다.
- 이 책에서 주인공 소년의 이름은 가명으로, 일본 이름을 한국식 이름으로 바꾸어 표기했다.
- 일반적으로 장애 아이와 비장애 아이로 구분하는데, 이 책에서는 비장애 아이를 일반 아이로 표기했다.

HATTATSUSHOGAI NI UMARETE JIHEISHOUJI TO HAHA NO 17NEN
© TADASHI MATUNAGA 2018

Originally published in Japan 2018 by CHUOKORON-SHINSHA, INC., TOKYO,
Korean translation rights arranged with CHUOKORON-SHINSHA, INC., TOKYO, through
TOHAN CORPORATION, TOKYO, and Shinwon Agency Co., SEOUL.

지적장애를 동반한 자폐 아들과 엄마의 17년 성장기

내 아이는 자폐증입니다

마쓰나가 다다시 지음 | 한상민 감수 | 황미숙 옮김

마음책방

이 이야기는 이제 막 자폐 진단을 받은
어린아이를 둔 부모부터
성인기 이후
아이의 삶을 고민하는 부모에 이르기까지
모든 독자에게 큰 도움을 줄 것이다.

책을 읽으면서 마치 자폐 아동을 키우는 부모의 고민을 함께 나누는 것 같았다. 출생, 영유아기, 청소년기 등 삶의 전 생애적 관점에서 보육, 양육, 진단, 치료, 학교, 특수교육, 직업, 의료, 복지, 심리 등 모두를 다루고 있다. 자폐 아동을 키우면서 장애에 대한 회피, 거부, 수용, 인정 단계를 겪는 주인공 엄마의 모습이 무척 인상적이었다. 특히 여러 가지 선택의 기로에서 선 모습들은 모든 장애 부모들이 겪는 과정이기에 더욱 공감이 갔다. 이 책은 장애 아동을 키우는 부모님, 장애 아동을 접하는 전문가들이 아이의 현재 모습뿐 아니라 미래 모습까지 그리고, 부모의 마음을 이해하는데 도움을 주기에 충분했다.

김준영(말놀이아동발달센터)

'오늘'을 사는 훈이와 함께 행복하게 살기 위한 엄마의 어제와 오늘 그리고 내일의 이야기를 덤덤하게 들려주고 있다. 오늘의 훈이와 엄마가 어떻게 지내고 있는지 궁금해진다.

김민지(mysoul1313)

다름에 대해 배척하는 분위기와, 사회가 원하는 규범에 자신을 맞춰야 한다는 것이 얼마나 고달픈 일인지 누구보다 잘 알고 있다. 경증 자폐로 삼십 년을 살아오면서 수없이 부딪히고, 지금도 부딪히며 살고 있다. 책을 읽는 내내 화도 나고 눈물도 났다. 교육을 똑바로 시키라고 화내는 사람들 내용에서는 특히 더 그랬다. 자녀를 키우면서 훈육은 당연히 필요하다. 상황에 따라서는 매도 들어야 한다고 생각한다. 쉽게 말하는 게 아니다. 부모님은 나를 아주 무섭게 훈육했다. 정글 같은 사회에서 살아남게 하려고 과하다 싶을 정도로 엄청 엄하게 했다. 그 덕분에 지금 무탈하게 사회생활을 하고 있어서 그다지 악감정은 없다. 그런데 이게 아무리 노력한다 해도 안 되는 경우가 있다. 그걸 버릇이 없고 무례하다고 단정 짓고 배척하는 걸 책에서도 보니 매우 씁쓸했다. 당해본 입장에서 더더욱 그렇다. 어쨌든 이번 독자교정단 참여는 지난날을 돌아보고 현재를 어떻게 살아야 할지에 대해 생각할 수 있는 의미 있는 시간이었다.

김지은(cattywampus)

내 얘기를 책으로 읽는 줄 알았다. 자폐성 장애아를 키우는 엄마로서 모든 장면에서 백 퍼센트 공감했다. 다만, 책 속의 엄마는 나보다 훨씬 용감하고 지혜로웠다.

서민숙(minss10)

장애를 가진 이들에게 도움을 주고 싶다는 마음만 있을 뿐 적극적인 행동을 취하지는 못했다. 그들에 대한 지식도 많이 부족한 편이었는데, 주인공 훈이를 통해 조금이나마 알 수 있어서 매우 좋았다. 특히 이야기 중간중간에 발달장애 관련 설명이나 그들의 행동양식 등에 관한 내용은 아주 유익했다. 일반인들이 자폐 아동과 부모를 이해하는 데 좋은 통로가 될 것 같다.

현승미(sugarholic_writer)

직접 겪어보지 안 했기에, 장애가 있는 아이를 키우는 부모의 마음을 전부 이해할 수는 없지만 그들의 삶이 생각보다 나쁘지 않다는 사실을 알게 되었다. 이 책을 통해 조금이나마 이해할 수 있는 기회가 되었고, 마음속에 있는 작은 편견과 오해를 싹 없앨 수 있어서 감사했다.

김아름(a851130)

두 아이를 키우는 엄마다. 첫째를 어렵게 임신했을 때 산전검사 수치가 정상 범위에서 벗어나니 추가 검사를 하겠냐는 질문을 받았다. 태아에게 장애가 있든 없든 낳을 생각이어서 추가 검사를 받지 않았다. 둘째는 이른둥이로 3개월 일찍 태어나 인큐베이터 치료를 받는다. 당시 아기에게 장애가 있을 수 있다는 이야기를 들었지만, 살아서 태어나 고맙고 치료 잘 받고 살아주기만을 간절히 바랐다. 그리고 지금 두 아이는 건강하게 크고 있다.

이 책을 읽으면서 만약 그때 아이들에게 장애가 있었다면 주인공 엄마처럼 잘 키우고 있었을까라는 생각을 여러 번 했다. 아이를 키운다는 것은 정말 힘든 일이다. 하물며 장애아를 키우는 것은 열 배는 더 힘들 것이고, 그만큼 부모도 강해야 한다.

장애가 있든 없든 세상에 태어난 모든 인간은 소중하다. 장애인을 볼 때면 혹시 도움이 될까 하고 쳐다본다. 배려해 주고 싶을 마음에서다. 하지만 장애인 입장에서는 동정으로 생각할 수도 있다. 최근에야 알게 되었다. 도움이 필요한 것 같아 보이면 도움을 주기 전에 도움이 필요한지 물어봐야 한다는 것을 말이다. 일반인은 장애에 대해 지인이나 가족이 아니면 잘 모르는 경우가 많아서, 먼저 어떤 상황인지 말해주면 상대의 행동에 대해 이해할 수 있는 것 같다.

이 책을 통해 자폐에 대해 많이 알게 되었고, 2차 장애가 올 수 있다는 것도 처음 알았다. 무엇보다 같은 부모로서 상황은 다르지만 비슷한 경험이 있었기에 읽으면서 눈물을 흘렸다. 자폐 아이를 키우는 부모나 가족이 읽으면 많은 도움이 될 것 같다. 의학적인 설명도 있어서 더 좋았다.

김호윤(hy_helper)

누구나 결혼, 임신, 출산의 과정을 겪으면서 자신의 아이를 최고로 키우겠다는 다짐을 한다. 그런데 아이가 성장하면서 또래 아이와 다른 모습을 보이고, 전문가에게 '자폐'라는 소견을 듣는다면 ……. 주인공 엄마가 이를 수용하는 과정 하나하나를 접하다 보니 같은 부모이자 3~5세 아이들을 치료하는 ABA치료사로서 읽는 내내 눈물을 멈출 수가 없었다.

이 책은 중증 자폐 아동의 영아기 때부터 청소년기까지의 성장기를 들려준다. 그 안에서 자폐에 대한 전반적인 이해뿐 아니라 일본의 치료 및 교육 시스템, 약물, 또래관계와 따돌림 등도 알 수 있어서 큰 도움이 되었다.

임현수(suzi)

"무엇이 장애인을 힘들고 불행하게 만드는가?" 이 책을 읽기 전에 이 질문에 대해 참 많이 궁금했다. 답은 '잘못된 이해'였다. 많은 사람이 그들을 존중해야 한다고 말한다. 하지만 그것은 훈이의 엄마가 말했듯이 단편적인 것만 알면서 모두 알고 있다고 착각하는 것이다. 우리는 더 이상 배려와 존중이라는 막연한 단어에서 벗어나, 그들이 살아가는 삶에 관심을 기울여야 한다. 그들에게 필요한 것은 무조건적인 배려가 아니다. 그들도 사회라는 테두리 안에서 삶을 살아가는 구성원 중 한 명이다. 이 책을 읽으면서 그들을 잘 알고 있다는 나의 오만함과 착각, 무지함이 부끄러웠다. 또한 끊임없이 아들을 이해하기 위해 노력하는 엄마의 모습에서 '사랑'의 의미에 대하여 다시 한번 배우게 되었다. '사람을 사랑한다는 것은 관심을 가지고 이해한다는 것'이다. 오늘도 조금 느리지만 씩씩하게 살아가는 '자폐 아이'들과 '부모'들에게 사랑의 응원을 보낸다.

신동민(ehdals6145)

　　　　발달장애아의 부모는 누구인가. 아이에게 '엄마' 소
리를 듣는 것이 소원인 사람들, 아이보다 딱 하루만 더 살고 싶은 사람
들, '보통'의 평범한 삶이 꿈인 사람들, 그들이 발달장애아의 부모다.
　다른 장애와 달리 발달장애인은 인지나 의사소통 능력에 한계가 있으
므로, 마땅한 권리와 이익을 찾기 위해 목소리를 높이는 것은 장애 당사
자가 아닌 부모의 몫이다. 발달장애아의 부모는 부모이기만 할 수 없다.
어떤 때는 아이의 선생님이어야 하고, 어떤 때는 치료사여야 한다. 어떤
때는 변호사로, 또 어떤 때는 코치로 대변인으로 간호사로 운전기사로
보디가드로 산다. 세상의 모든 부모는 위대하지만 장애 아이를 두고 있
는 부모는 좀 더 특별하고, 그중 발달장애 아이를 둔 부모가 으뜸이라는
생각이다.
　발달장애 부모들 중에 전문가가 많은 것도 같은 이유일 것이다. 아이
를 위해 공부를 하고 투쟁을 하고 운동을 펼치는 동안 그들은 어느새
연구자, 교수, 치료사, 저자, 기관장, 전문가가 되어 있다. 책 속 이야기의
주인공 다테이시 미쓰코 씨 역시 자폐 아들을 둔 엄마이자 아들 훈이의
옹호인으로 살면서 그녀 스스로 수많은 책과 강연을 통해 많은 부모에

게 길을 알려주는 전문가가 된 것이다.

책의 큰 줄기는 십칠 년간 자폐 아들을 키운 부모로서의 경험이지만 이 책에 담겨 있는 내용은 발달장애 아이를 키우면서 만나게 되는 의료, 치료, 교육, 직업, 복지 등 거의 모든 분야에 대한 고민에 가깝다. 양육 과정에서 느끼는 부모의 심리 상태는 물론이거니와 자폐에 대한 정보와 일본의 의학 지식, 의료 제도, 특수교육 시스템, 직업재활 및 그룹홈 등 복지 제도에 이르기까지 다양한 경험과 지식이 생생하게 담겨 있다. 그래서 다테이시 미쓰코 씨의 이야기는 이제 막 자폐 진단을 받은 어린아이를 둔 부모부터 성인기 이후 아이 삶을 고민하는 부모에 이르기까지 모든 독자에게 큰 도움을 줄 것임에 의심할 여지가 없다.

감수하는 내내 저자의 의도가 훼손되지 않을까 주의하면서 발달장애와 관련된 일본의 제도와 시스템에서 한국과 같거나 다른 부분을 이해하기 쉽게 설명하려고 노력했다.

감수자 역시 자폐 아들을 둔 부모이자 ABA라는 분야의 전문가로 일하면서 뒤늦게 특수교육을 전공했다. 다행히 대부분 책 내용이 관련 분야 범위 안에 있었지만 의학 지식만큼은 별도 자문이 필요했다. 흔쾌히 도움을 주신 성모마음정신과의원 이정국 원장님과 판교 메디피움 여성의학과 윤재희 원장님께 감사의 말씀을 전한다.

끝으로, 책 속 이야기의 실질적인 주인공인 훈이와 그의 엄마, 그리고 이 책을 읽고 있을 모든 분들의 평화를 빈다. 우리 모두는 우주보다 귀한 인간이며 서로에게 소중한 존재다. 세상 그 누구도 외딴 섬이 아니다.

감수자 **한상민**

자폐 아들을 둔 부모이자

ABA 전문가

글을 시작하며

열일곱 살의 소년은 스마트폰을 귀에 갖다 대었다. 화면은 내게로 향하게 하고 자신은 뒷면에 귀를 댄다. 스마트폰의 화면에는 화장실 변기의 섬네일이 가득하다. 나는 적당히 그중 하나를 누른다. 동영상이 재생된다. 쏴 하는 소리와 함께 물이 변기 안에서 소용돌이를 친다. 동영상이 멈추자 소년은 스마트폰에서 귀를 떼며 말했다.

"TOTO C48SR."

변기의 제조사와 제품 번호다. 나로서는 그것이 맞는지 틀린지 알 길이 없다. 하지만 어머니의 이야기에 따르면 소년은 수십 종류에 달하는 변기의 물소리를 듣고 구별할 수 있다. 이 얼마나 놀라운 청각의 소유자란 말인가.

빡빡 민 머리에 두꺼운 눈썹. 빨려들 것 같은 또렷하고도 검은 눈동자. 이토록 비범한 재능을 가진 소년의 지능지수(IQ)는 사실 37이다. 정신연령은 5세 8개월. 그는 지적장애를 동반한 자폐증을 가지고 있다.

"이제 그만, 이제 안 해. 이제 안 해. 이제 안 해."

약간 빠른 말투로 스마트폰을 엄마에게 떠맡긴 소년은 거실 한구석에 자리한 자신의 컴퓨터 책상 앞에 앉는다. 이어폰을 귀에 꽂고 동영상을

13

보기 시작한다. 스마트폰에서 본 것과 같은 변기 영상이다. 모니터에서 물 소용돌이가 빙글빙글 회전한다. 소년은 흡족한 표정으로 들여다본다.

오 분쯤 지나자 이어폰을 빼더니 갑자기 일어선다. 거실 끝에서부터 현관을 향해 달려간다. 그리고 다시 돌아오는 행동을 반복한다. 점점 속도가 붙는 것처럼 보인다. 몇 번을 왕복한 발걸음은 이제 한 발씩 껑충껑충 뛰는 듯하다. 열일곱 살의 소년이 집 안을 뛰어다니니 꽤나 큰 소리가 난다. 본인은 그런 것 따위는 전혀 개의치 않고 탁탁 뛰어다닌다. 소리도 지른다. 드디어 껑충거리며 뛰기를 멈추더니 다시금 컴퓨터 책상에 앉아 이어폰을 귀에 꽂는다.

자폐증은 이른바 발달장애에 포함되는 질환이다. 일본의 문부과학성(한국의 교육부에 해당한다)에서는 자폐증을 다음과 같이 정의하고 있다.

첫째, 다른 사람과의 사회적 관계 형성이 어렵다.

둘째, 언어 발달이 느리다.

셋째, 관심 영역이 좁고 특정한 것에 집착하는 특징을 보이는 행동 장애가 있다.

자폐증이라는 말을 모르는 사람은 없을 것이다. 하지만 위의 정의만으로는 자폐 아이에 대한 이미지가 선뜻 떠오르지 않을 것이다.

현재 자폐증의 정식 명칭은 자폐스펙트럼장애다. 스펙트럼이란 연속체라는 뜻으로, 중증의 지적장애를 수반하는 아이부터 전혀 지적인 지연이 없는 아이까지 폭이 넓다. 후자의 경우를 아스퍼거증후군이나 고기능 자폐증이라고 표현한다. 자폐 성향의 정도나 지능의 차이는 폭이 넓으며, 한 사람 한 사람의 증상에는 명백한 구별이 없이 연속체를 형성하고 있다.

내가 운영하는 클리닉을 단골로 이용하는 아이들 중에는 자폐증을 가진 아이가 열 명 정도 있다. 그 가운데는 한눈에 봐도 자폐증이라는 것을 알 수 있는 아이도 있지만, 보호자가 적어낸 문진표의 자폐증이라는 글자를 보고도 일반 아이와 무엇이 다른지 금방 알아채기 어려운 아이도 있다.

자폐증은 선천적인 뇌의 질환이다. 원인은 아직 밝혀지지 않았으며, 현재로서는 치료법이 없다. 자연적으로 치유되지도 않는다. 자폐증을 갖고 태어난 아이는 평생 자폐증을 갖고 살게 된다. 그런 의미에서 질환이라기보다는 장애라는 말을 사용하는 편이 적절할지도 모르겠다.

자폐스펙트럼장애와 주의력결핍과잉행동장애, 학습장애를 합해 발달장애라고 부른다.(부록 참조) 최근 들어 많은 의료기관에서 발달장애 아동이 늘어난다고 보고되고 있다. 일반 학급의 열다섯 명 중 한 명은 발달장애를 갖고 있다는 보고도 있다. 특별지원학교나 특별지원학급(한국의 특수학교와 특수학급에 해당한다)에 있는 발달장애 아동을 포함하면 열 명 중 한 명꼴로 발달장애라는 지적도 있다. 진단 기술이 진보하면서 어느 질병이나 환자 수가 증가하는 경향을 보이고 있지만, 발달장애를 가진 아이들의 증가는 의사들 대부분이 인식하고 있는 사실이다.

비록 평생을 안고 가야 하는 장애지만 조기의 치료교육이 아주 중요하다고 한다. 그래서 지바시의 경우 생후 18개월 영유아검진에서는 몇 년 전부터 아이의 사회성 체크 항목이 늘어났다. 즉 '곤란한 일이 생기면 도움을 요청하는가?', '다른 아이들에게 관심을 갖는가?' 등이 그 항목에 해당한다. 발달장애에 대한 보호자들의 관심은 확실히 높아지고 있다.

앞서 내가 소개한 소년은 큰 틀에서 말하면 발달장애를 갖고 태어난 아이라고 표현할 수 있다. 정확히 설명하면 지적장애를 동반한 자폐증이라는 진단을 받았다.

발달장애에 대한 세상의 관심이 높아지는 가운데, 나 역시 지적장애를 동반한 자폐증을 가진 아이에게 관심이 많다. 발달장애 전문가는 정신건강의학과 전문의다. 나는 의대생 시절에 발달장애에 대해 배운 것이 전혀 없고, 의사가 된 후로도 계통적으로 배울 기회는 없었다. 십이 년 전에 개업의가 되고서 전문서 등의 서적을 읽기 시작한 실정이다. 그래서 더욱 자폐 아이의 생활이 궁금했다. 또한 그 이상으로 자폐 아이를 키우는 일이란 어떤 것인지, 부모의 마음을 알고 싶었다.

　매일같이 클리닉에서 많은 부모와 대화를 나누어보면, 부모가 자신의 아이에게 가장 바라는 것은 '보통'으로 자라는 일이라는 사실을 느낀다. 가벼운 감기에도 '혹시나 하는 염려로' 진찰을 받고, 아이가 무럭무럭 건강하게 자라는데도 더러 건강검진을 받으러 온다. 그것은 부모 자신이 안심하기 위해서이기도 하고, 조부모를 납득시키기 위해서이기도 하다. 정상적인 가정에서 부모 역할이 당연하다고 생각하는 사람은 많다. 그런데 어쩌면 '당연하다'고 여기는 이 역할이 어떤 부모에게는 엄청난 압박 같은 것인지도 모른다.

　개인적인 이야기를 하자면 그에 관해서는 나 역시 마찬가지다. 아이가 태어났을 때 나는 '보통으로' 자라주기를 간절히 바랬고, 아이가 아프지 않도록 마음을 썼고, 조금 성장해서 처음으로 손을 잡고 공원에 간 날은 무척이나 설렜으며, 아이가 유치원에 다니기 시작하면서는 아내가 다른 엄마들과 잘 어울리기를 바랐고, 학교에서는 아이에게 친구가 많이 생기기를 기대했다.

그렇게 가족이 '보통'으로 '남들과 비슷한' 길을 걸어가길 원하는 것은 양보하기 힘든 최소한의 바람이다.

그런데 아이를 키우면서 내 아이가 자폐증을 갖고 있고 지적으로도 느리다는 사실을 알게 되었을 때 부모는 얼마나 큰 충격을 받을까? 어떻게 현실을 받아들이고 '보통'으로 그려가던 미래에서 손을 떼고 '남들과 비슷한 수준'의 행복을 단념할 수 있는 걸까?

나로서는 좀처럼 상상이 되지 않는다. '보통'에서 벗어난 세계에도 행복한 삶이 존재하는 걸까? 그 삶 속에는 세상이 강요하는 '보통'이 최선이라는 가치관에서 벗어난 자유가 펼쳐져 있을까?

그럴지도 모른다. 우리는 너무나 보통이라거나 남들과 비슷한 삶에 얽매여 있다는 생각이 든다. 어쩌면 '보통'이 아니어도 괜찮을지 모른다. 그

답은 자폐 아이를 키우는 가족의 삶 속에 있을 것이다.

이번에 나는 이제껏 글을 쓰며 친하게 지내게 된 다테이시 미쓰코(立石 美津子) 씨의 이야기를 들을 기회가 있었다. 그녀는 유아교육과 육아에 관련해 글을 쓰고 강연하고 있다. 그리고 앞에서 소개한 17세 소년의 어머니이기도 하다. 이 책에서 '엄마'라는 표현은 그녀를 가리키며, 소년은 미성년자이므로 '훈이'라는 가명을 썼다. 이 책을 통해 자폐증의 세계를 조금이나마 공유하고, 우리의 일상을 속박하는 '보통'이라는 가치 기준의 의미를 되묻고 싶다.

발달장애에 관한 전반적인 지식을 먼저 알고 싶은 독자는 마지막에 덧붙인 부록 '발달장애 이해를 위한 기초 정보'부터 읽으면 이해하기 쉬울 듯하다. 전문적인 내용도 가급적 쉬운 표현과 그림으로 설명하고자 했다.

그리고 이 책에서는 '비장애 아이'를 '일반 아이'라는 표현을 썼다.

지은이 **마쓰나가 다다시**

목차

목차

이 이야기는
자폐 아들 훈이와 엄마 다테이시 미쓰코의
17년 성장기로
발달장애 전문가 마쓰나가 다다시 저자가
들려주고 있다.

―――――

"자칫 단조로워 보일 수 있는 자폐의 세계가
사실은 풍요로우며, 그런 아이를 키우면서
엄마의 인생도 풍요로워졌다."

하
나

자폐증을 진단받기까지

말을 하지 않다

　아들 훈이는 제왕절개로 태어났다. 엄마의 골반에
비해 훈이의 머리가 큰 아두골반불균형(태아 머리가 모체의 골반보다 커서 골반
을 통과할 수 없다고 판단되는 상황) 상태였기 때문이다. 조금 약하기는 했지만
엄마의 귀에는 세상의 빛을 본 훈이의 울음소리가 또렷이 들렸다.

　2000년 가을이었다.

　훈이는 성장이 빨랐다. 오히려 너무 빠르다고 느껴질 정도였다. 태어난
지 2개월 만에 목을 가누었고, 7개월이 되자 물건을 잡고 섰으며, 9개월
에는 걷기 시작했다.

　엄마는 훈이를 자주 안아주고 열심히 말을 걸었다. 쏟을 수 있는 모든
애정을 주었다. 그리고 영재교육도 시도했다. 생후 3개월부터 매일 열 권
의 그림책을 읽어주었다. 한자카드와 숫자카드도 매일 보여주었다. 훈이
는 미소를 보였고, 카메라를 들이대면 렌즈를 바라보았다. 이대로 무럭
무럭 자랄 것이라 기대했다. 하지만 뜻대로 되지 않았다. 가장 먼저 맞닥
뜨린 난관은 습진이었다.

얼굴에서 시작된 습진은 온몸으로 퍼졌고 피부는 짓물렀다. 일회성의 유아습진이 아니라는 생각에 일본 국립세이이쿠의료센터의 알레르기과에 다니기 시작했다. 아이의 습진은 아토피성 피부염이었다.

아토피성 피부염의 원인은 복잡하다. 단순히 알레르기에 기인하는 염증이 피부에 발생하는 경우도 있지만, 식품 알레르기가 원인이 되기도 한다. 훈이는 이유식을 시작하기 전인 생후 5개월 차에 혈액검사를 받았다. 그 결과, 계란과 우유, 밀가루에 대한 알레르기 수치가 두드러지게 높았다. 의사는 이유식에서도 또 엄마의 식사에서도 계란과 유제품, 밀가루 제품을 절대 사용하지 말라고 신신당부했다. 유아기에는 조심해야 할 식품을 먹이지 않아서 큰일이 없었다. 그러다 두 살 무렵에 실수로 생크림을 먹은 훈이는 아나필락시스(특정 물질이 몸에 들어왔을 때 전신에 걸쳐 발생하는 심각한 알레르기 반응) 쇼크를 일으켰다. 참고로 훈이는 열일곱 살인 지금도 견과류 알레르기가 남아 있어서 '에피펜(아드레날린 자가 주사약)'을 늘 갖고 다닌다.

대개 생후 8개월이면 낯을 가리기 시작하는 시기다. 하지만 훈이는 낯을 가리지 않았다. 모르는 사람이 안아주어도 우는 법이 없었다. 그렇다고 좋아하지도 않았다. 엄마의 눈에는 마치 눈앞에 있는 인간의 존재를 무시하는 것처럼 보였다.

엄마가 훈이를 안아주어도 훈이는 팔을 벌려 엄마를 끌어안지 않았다. 그렇다고 거부하는 것도 아니었으나, 그저 인형처럼 안겨 있을 뿐이었다. 엄마는 훈이의 부족한 반응이 이상하게 느껴졌지만 그렇다고 심각하게 여기지는 않았다.

돌이 지났을 무렵, 집 근처 아동센터에서 크리스마스 파티가 열렸다. 산타클로스 복장을 한 사람이 나타나서 아이들에게 선물을 나누어주는데, 기뻐하는 아이와 울음을 터뜨리는 아이들로 소란스러웠다. 그런데 훈이는 산타클로스에게 전혀 관심을 보이지 않은 채 줄곧 창밖의 빌딩 벽에 적힌 글자만 바라보았다.

대개 아이는 생후 18개월쯤이면 조금씩 말을 한다. 엄마, 맘마, 붕붕 같은 말들이 점차 나타나기 시작하는 것이다. 하지만 훈이는 아무 말이 없었다. 무언가를 말하려는 분위기도 없었다. 완전한 무발화(nonverbal, 말을 하지 않음)였다.

훈이가 두 돌이 되었을 때 엄마는 이상한 광경을 목격했다. 이 무렵의 훈이는 긴 막대기에 관심이 많았다. 어느 날 공원에 데려갔더니 벤치에 앉아 있는 노인들의 손에 지팡이가 들려 있었다. 그것을 본 훈이는 지팡이를 향해 성큼성큼 걸어갔다. 그런데 노인의 발밑에는 개가 웅크리고 있었다. 훈이가 어떻게 반응할지 지켜보는데, 아이는 개의 존재를 깡그리 무시한 채 개의 발을 밟고서 지팡이를 향해 돌진했던 것이다.

생후 27개월에 어린이집에 입소한 훈이는 다른 원아들과 확연히 달랐다. 모두들 단체행동이 가능했다. 줄을 서고 놀이를 하고 구연동화를 모두 함께 보았지만, 훈이는 홀로 집단에서 떨어져 방 한구석에 누워 있었다. 여전히 말도 하지 않았다.

다만 집에서는 비범한 재능을 보였다. 국기나 시간표, 숫자에 강한 관심을 보이고 세계지도 퍼즐을 금세 완성하고는 했다. 말을 못하는 상태와 균형이 맞지 않았지만, 엄마는 그냥 조금 이상하다는 기분을 가졌을 뿐이다.

일 년 후 생후 28개월 무렵, 식품 알레르기의 정기검진을 위해 엄마와 훈이는 국립세이이쿠의료센터를 찾았다. 훈이의 어린이집 생활이 마음에 걸렸던 엄마는 진찰 후에 넌지시 물어보았다.

"선생님, 저희 애가 두 돌이 지났는데도 말을 전혀 안 하는데요 ……."

그러자 알레르기과의 주치의는 "그러네요"라고 중얼거리더니 "정신건강의학과에 예약을 넣어드릴게요. 한 달 후에 진료를 볼 수 있으니 상의해보세요"라며 컴퓨터에 예약 정보를 입력했다.

한 달이 지났다. 엄마와 훈이는 정신건강의학과에서 진료를 받았다. 진찰실에서는 M의사가 대응해주었다. 그는 엄마의 이야기를 듣고 훈이가 진찰실 바닥에서 장난감을 만지는 모습을 보더니, 일 분도 되지 않아 "아드님은 자폐증입니다" 하고 단언했다.

엄마는 어안이 벙벙했다. 곧 정신을 차리고 의사에게 반론했다.

"이 아이는 웃기도 하고 눈도 그럭저럭 마주칩니다. 제가 아는 자폐 아이들과는 달라요!"

엄마는 특별지원학교 교원 자격을 가지고 있었기에 실제로 실습을 나간 지원학교에서 자폐 아이들을 여러 차례 만난 경험이 있었다. 자신의 아이는 일반 아이들과 뭔가 다르기는 하지만, 자폐증이라고는 생각하지 않았다.

M의사는 굳은 표정으로 단호히 말하는 사람이었다.

"어머님이 알고 계시는 자폐증은 극히 일부입니다. 자폐증에는 여러 유형의 아이들이 있습니다. 아드님은 틀림없이 자폐증입니다."

그 말에 엄마는 분통을 터뜨렸다.

'이 사람이 하는 말은 믿을 수 없어!'

엄마는 훈이의 손을 끌고 두 번 다시 M의사를 보지 않을 것처럼 진찰실을 나섰다.

병원을 순례하다

진찰실을 나서자 흥분한 엄마는 간호사를 붙잡았다. 간호사를 잡아먹을 기세로 "저 의사랑은 잘 안 맞는 것 같으니 주치의를 바꿔주세요" 하고 따졌다. 훈이를 유모차에 태우자 눈물이 폭포수처럼 쏟아졌다. 간호사는 엄마의 등을 쓰다듬어주었다.

태어났을 때부터 그토록 애정을 쏟고 영재교육도 해왔건만, 얼굴은 아토피로 진물이 가득하고 식품 알레르기 때문에 먹지 못하는 음식이 한두 가지가 아니다. 게다가 검사도 해보지 않은 상태에서 단번에 자폐증이라는 이야기를 듣다니 …….

감정의 둑이 터져버린 엄마는 간호사에게 울부짖었다.

"이런 애가 아니었으면 좋았잖아요. 나는 이 애가 조금도 사랑스럽지 않아요. 식품 알레르기만 해도 그래요. 얼마나 고생이 심한데, 이제는 왜 자폐증 소리까지 들어야만 하느냐고요!"

간호사는 부드럽게 고개를 끄덕였다.

"그럴 거예요. 얼마나 힘이 들겠어요."

"이 애를 여기 두고 가도 되나요?"

흥분한 엄마가 말했다.

"두고 가면 안 되지만 그 마음만은 알 것 같아요. 누구나 그럴 거예요."

간호사는 그렇게 말하며 엄마를 위로했다.

조금씩 진정을 되찾은 엄마는 다시금 담당 주치의를 바꿔달라고 이야기했다. 하지만 병원에서는 불가능하다고 하면서 다음번 진료 예약을 취소했다. 집으로 돌아온 엄마는 골몰히 생각했다.

'아무리 생각해도 우리 애는 자폐증이 아니야. 말을 안 하는 데는 다른 이유가 있을 거야. 그렇지. 아마도 훈이는 귀가 안 들리는 걸 거야. 정신건강의학과에서 진찰을 받을 것이 아니라 이비인후과에 갔어야 해.'

그날부터 엄마는 난청을 전문으로 하는 이비인후과 클리닉의 정보를 찾았다.

'일반적인 이비인후과에서는 확실히 알지 못할 거야. 난청을 전문으로 하는 클리닉을 가는 것이 낫겠어.'

그리고 엄마는 훈이를 데리고 A이비인후과 클리닉을 찾았다. 훈이에게 소리를 들려주고 반응을 살펴보는 청력검사를 진행했다. 의사는 귀는 잘 들린다는 진단을 내렸다.

엄마는 그럴 리가 없다고 생각했다. 새로운 정보를 모은 엄마는 B이비인후과 클리닉에 갔다. 거기서도 청력검사를 받았지만, 역시 청력에는 이상이 없다는 진단이 나왔다.

'그렇다면 훈이는 어째서 말을 하지 않는 거지? 틀림없이 자폐증이 아닌 뭔가 다른 이유가 있을 거야.'

엄마는 국립세이이쿠의료센터의 M의사를 다시 찾을 마음은 전혀 없었기에 다른 정신건강의학과의 진찰을 받기로 했다. 그때 엄마는 처음으로 유아를 전문으로 하는 정신과 의사와 심리를 전문으로 하는 소아과 의사가 극히 드물다는 사실을 알게 되었다.

엄마는 결국 훈이를 데리고 세 곳의 정신건강의학과에서 진찰을 받았다. 일본의 도쿄대학 의학부 부속병원, 도쿄도립우메가오카병원, 세가와소아신경학클리닉이 해당 병원들이다. 어느 병원이랄 것 없이 예약하고 초진을 보기까지 몇 달을 기다려야 했다. 대기실은 전국에서 찾아온 환자들로 넘쳐났다.

세가와소아신경학클리닉에서는 아침 여덟 시에 대기실에 들어갔는데 오후 여섯 시나 되어서 겨우 진찰을 받았다. 그동안은 외출도 허락되지 않아서 엄마는 가만히 있지 못하는 훈이를 안고서 열 시간을 버텨야 했다. 드디어 차례가 돌아와 뇌파를 찍게 되었다. 뇌는 잠이 든 상태가 아니면 측정할 수 없는데, 다행히 훈이는 순조롭게 파형을 찍을 수 있었다.

하지만 엄마는 이런 아이를 안고 열 시간을 기다리게 만드는 병원이 불만스러웠다. 대기실에서 그런 불평을 하자, 대형 캐리어를 가지고 있는 엄마가 "뇌파를 찍은 것만으로도 운이 좋은 거예요" 하고 말했다. "우리는 일박을 할 작정으로 도쿄까지 왔는데 애가 중간에 깨는 바람에 뇌파를 못 찍었어요. 오늘은 헛걸음한 셈이에요"라고 말하는 그 엄마의 어깨는 한없이 처져 있었다.

자폐증을 받아들이다

세 군데 병원에서 엄마는 거의 비슷한 이야기를 들었다.

"자폐증이 의심됩니다."

"자폐 성향이 있는 것 같군요."

"확정할 수는 없지만, 자폐증일 가능성이 상당히 높습니다."

에두른 표현이겠지만 결국 어떤 의사도 자폐증이 아니라는 말은 하지 않았다. 정신을 차리고 보니 M의사로부터 '자폐증'이라는 말을 들은 후로 일 년이라는 시간이 흘러 있었다. 훈이는 여전히 말을 하지 않았으며, 어린이집에서 보이는 행동에도 별다른 변화가 없었다.

엄마는 결국 인정하지 않을 수 없었다.

'처음 자폐증을 언급한 M의사가 잘못 본 것이 아니었어. 훈이는 자폐증이구나.'

마음을 되잡은 엄마는 훈이를 데리고 국립세이이쿠의료센터를 다시 찾아가 M의사에게 진료를 받는다. 오랜 인연의 시작이었다. M의사는 "일 년 만에 받아들이신 거면 빠른 편입니다"라고 했다. 그가 발달장애에 관해서는 일본에서 가장 저명한 의사 중 한 명이라는 사실을 엄마는 나중에야 알게 되었다.

이 당시 자폐증에 대한 엄마의 지식은 '눈을 맞추지 않는다, 말을 하지 않는다, 이상한 소리를 낸다, 자해 행위를 한다' 정도였다. 지적장애를 동반하는 아이도 있고 그렇지 않은 아이도 있다는 사실은 몰랐던 것이다. 애당초 이 시점의 엄마에게는 훈이가 지적으로 지연되어 있다는 인식은 없었다. 아스퍼거증후군이라는 말도 일반적으로는 잘 알려지지 않은 때였다. 다만, 엄마는 자폐증이 평생 낫지 않는다는 것은 알고 있었다.

엄마는 홀로 아이를 키우고 있었다. 싱글맘이 된 이유는 훈이의 자폐증과 무관하므로 여기서는 언급하지 않겠다. 아이가 의지할 수 있는 사람은 자신밖에 없다며 각오를 다진 엄마는 자폐증에 관한 공부를 시작했다. 우선 가장 먼저 해야 할 것은 치료교육이었다. 치료교육이란 발달장애아에게 발달을 촉구하고 자립하여 생활할 수 있도록 원조하는 활동이다. 국립세이이쿠의료센터에는 치료교육 시설이 없었다.

둘

치료교육을 시작하다

세 개의 치료교육 시설

엄마가 상담하자 구청에서는 구립종합복지센터를 소개해주었다. 일주일에 한 번씩 다니면서 보니 그곳에는 자폐를 가진 아이들뿐만 아니라 다운증후군이나 다른 여러 발달 관련 문제를 가진 아이들이 모여 있었다. 함께 노래를 부르거나 율동을 하고 간단한 만들기를 배우고 있었다.

그런데 훈이는 무엇에도 관심이 없었다. 다운증후군인 아이들은 노래하고 춤도 추었지만, 훈이는 그저 그 자리에 있을 뿐이었다. 주위에는 관심을 일절 보이지 않았다.

'이래서는 여기 오는 의미가 없어.'

낙담한 엄마는 복지센터의 직원에게 상담했다.

"저희 애는 다른 아이들하고 전혀 어울리지도 않고 아무것도 안 하는데 이대로 있어도 되나요?"

"음, 쉽지 않을 것 같기는 하네요. 훈이는 자폐증이니까 이곳이 아니라 도립우메가오카병원에 가보면 어떨까요?"

도립우메가오카병원은 아이의 심리에 특화된 아동정신과병원이다. 병원 내에 치료교육 시설도 병설되어 있었다. 엄마는 망설임 없이 도립우메가오카병원의 진찰을 신청했다. 우선은 의사의 진찰이 필요했다. 예약한 후 진찰을 받기까지 반년이 걸렸다. 이곳에서 훈이를 담당하게 된 주치의는 I의사다. 주치의가 M의사와 I의사, 두 명이 된 것이다.

도립우메가오카병원의 치료교육은 TEACCH라는 프로그램을 이용하고 있었다. TEACCH는 미국 노스캐롤라이나주에서 시작한 프로그램으로 자폐 아이와 그 가족을 지원한다. 가장 큰 특징은 자폐 아이가 가진 여러 어려움을 '자폐증의 문화'로서 긍정적으로 받아들인다는 데 있다. 따라서 자폐 아이를 문제가 있는 장애아로 보는 것이 아니라, 세상을 바라보는 방식이 일반인과는 다른 아이라고 여긴다. 그들을 억지로 세상의 상식에 따르게 하지 않고, 주위 사람들이 자폐 아이의 문화와 세계관을 이해하며 이 아이들이 가진 특성이 세상에 적응할 수 있게 함으로써 자폐 아이의 생활의 질을 높이고자 하는 것이다.

훈이는 일주일에 한 번씩 도립우메가오카병원에 다니게 되었다. 중앙의 뜰을 빠져나와서 병동을 지나 부지의 안쪽까지 가면 치료교육을 위한 방이 있다. 그곳에서 훈이의 첫 치료교육이 시작되었다.

엄마는 이곳의 치료교육에 큰 불만없이 만족했다. 더구나 새로운 정보도 얻을 수 있었다. 바로 무사시노히가시학원이라는 사립 학교법인에 대해서다. 이 학교에는 유치원, 초등학교, 중학교, 특성화 고등학교가 포함되어 있다. 그리고 가장 큰 특징은 유치원부터 특성화 고등학교까지 일반 아이들과 함께 자폐 아이를 받아들여 통합교육을 실시하고 있다는 점이다.

장애인의 권리를 말할 때 정상화(normalization)라는 말을 사용한다. 이는 장애인이 장애로 인해 불이익을 받지 않고 일반인과 같은 사회생활을 할 수 있도록 사회 기반을 정비한다는 사상이다.

그리고 교육에서는 통합교육이라는 이념이 중요하다. 이것은 일반인과 장애인을 구분하지 않고 함께 교육해나간다는 생각이며, 이를 통해 정상화가 실현된다는 이념이다.

무사시노히가시학원은 통합교육을 실천하고 있었다. 자폐 아이와 일반 아이가 함께 배움으로써 일반 아이는 공생을 통해 마음의 교육을 받을 수 있고, 자폐 아이는 일반 아이로부터 자극을 받으며 사회적 자립을 위한 장애아 교육을 받고 있었다. 그리고 이 학교의 부지 내에는 교육센터라고 불리는 치료교육 시설이 있었다.

엄마는 자폐증에 관한 정보를 모으면서 무사시노히가시학원이 자폐 아이의 가족에게는 꿈같은 존재라는 사실을 알았다. 그리고 도립우메가오카병원과 동시에 이곳에서도 치료교육을 받기로 결정했다. 일주일에 한 번은 무사시노히가시교육센터에 다니게 되면서 훈이는 통틀어 일주일에 두 번, 두 곳의 치료교육을 진행하게 되었다.

훈이가 어린이집에 다니던 시절에 엄마는 고독했다. 장애를 가진 아이는 훈이뿐이고 모두가 일반 아이들이었다. 자폐 아이를 둔 부모의 심정은 당사자가 아닌 이상은 알 수 없다. 그런데 도립우메가오카병원과 무사시노히가시교육센터에 다니면서부터는 자신의 처지와 같은 엄마들이 단번에 늘어났다. 아니, 모두가 친구였다.

장래의 불안과 초등학교 선택에 관한 문제 등을 언제나 함께 이야기했다. 같은 고민을 가진 엄마들이었기에 서로 마음이 통하고 편하게 느껴졌다.

'아, 드디어 내가 있을 곳을 찾았구나. 이곳에 오길 참 잘했어.'

엄마는 진심으로 그렇게 생각했다. 스트레스가 해소되었고 치료교육을 가는 날이 기다려지기도 했다.

화장실 핸드 드라이어

치료교육을 받으러 다니면서 엄마는 두 시설의 방침이 꽤 다르다는 사실을 알게 되었다. 도립우메가오카병원은 느긋하고 천천히 아이들의 특성을 세심하게 집어낸다는 방침이고, 무사시노히가시교육센터는 아이들의 사회성과 자립을 촉구하는 엄격한 치료교육의 방침을 취하고 있었다.

엄마는 훈이가 자폐증이라는 진단이 확정된 후로 이런저런 후회에 사로잡혀 있었다. 불임치료를 반복하다 임신했기 때문에 그것이 원인일지도 모른다는 생각을 했다. 또 임신한 것을 알기 전에 회사의 망년회에서

술을 마신 것이 원인일까 싶어 괴로웠다. 급기야 아두골반불균형으로 엑스레이 사진을 찍은 것이 자폐증의 원인은 아닐까 하고 의심하기까지 했다.

하지만 그런 생각을 백만 번 해본들 무슨 소용이 있을까.

'언제까지 끙끙대며 장애를 한탄하고 있어본들 아무 소용이 없다. 핸디캡을 가진 아이를 낳은 건 내 책임이다. 그렇다면 이 아이에게 하나라도 더 많은 것을 해주어서 일반 아이에 가까워지게 해야 한다.'

엄마는 그렇게 생각하며 마음을 다잡았다.

도립우메가오카병원의 치료교육은 무료였지만 무사시노히가시교육센터는 그렇지 않았다. 한 프로그램에 몇십만 원으로 정해져 있어서 몇 가지 프로그램을 들으면 한 달에 백만 원이 넘는 돈이 든다. 자신이 일하는 것은 모두 훈이의 치료교육을 위한 것이었다. 엄마는 그런 각오로 일과 치료교육에 몰두했다.

자폐 아이 중에는 청각이 과민한 아이들이 많다. 훈이도 그랬다. 가전제품의 소리에 반응하여 분노발작(텐트럼tantrum이나 심리탈진meltdown을 말한다. 원문에서는 공황발작이라고 표현되었다)을 일으키는 일이 종종 있었다. 특히 훈이는 공중화장실에 설치된 핸드 드라이어를 사용할 때 나는 윙하는 소리를 끔찍이 싫어했다. 무사시노히가시교육센터에는 핸드 드라이어가 설치되어 있었고, 이 소리에 익숙해지게 하는 훈련이 이루어지고 있었다.

엄마로서는 그런 훈련이 필요한 건지 의문이었다. 하지만 치료교육의 일환으로 이루어지는 것이니 지켜보기로 했다. 그런데 훈이는 심한 거부 반응을 보였다. 억지로 핸드 드라이어 밑에 손을 가져가는 것을 매우 꺼렸고, 급기야 무사시노히가시교육센터 건물의 입구에만 들어서도 몸이 굳어지고는 했다. 건물에 들어가서 치료교육이 시작되어도 소변을 참으며 화장실을 가지 않았다.

도립우메가오카병원에서 진찰을 받는 날, 엄마는 I의사에게 상의했다.

"훈이는 핸드 드라이어의 소리를 극도로 싫어해요. 생활하는 데 불편함이 많아서 이대로는 나중에 힘들 것 같아요. 어릴 때 연습시켜서 익숙하게 만들고 싶은데, 어떻게 하면 핸드 드라이어를 쓸 수 있을까요?"

그러자 의사는 큰 소리로 말을 막았다.

"어머님! 그렇게 하면 나중에 분명히 2차 장애를 겪게 됩니다. 2차 장애가 와서 이 병원에 입원하게 돼요. 2차 장애로 고통받는 아이들이 얼마나 많은데요. 그런 연습은 당장 그만두세요. 핸드 드라이어가 없는 공중화장실도 있으니 '핸드 드라이어 없는 화장실 지도'를 만들어서 이용하면 됩니다.

그리고 훈이는 장애가 있으니 당당히 장애인용 화장실을 이용하세요. 그러면 누가 갑자기 들어와서 핸드 드라이어를 쓰는 일은 없을 겁니다. 아드님도 마음 편히 소변을 볼 수 있을 거예요."

엄마에게 I의사의 말은 무겁게 다가왔다. 2차 장애란 원래의 장애에 적절히 대응하지 못한 탓에 스트레스가 쌓여서 복통이나 두통 등의 신체 증상이 나타나거나, 우울증이나 강박성 장애 등 마음의 병이 생기고 등교 거부, 은둔, 가정 내 폭력, 자살, 범죄 같은 문제행동으로 이어지는 것을 말한다.

2차 장애라는 말은 엄마에게 충격적이었다.

엄마는 당장 동네를 돌아다니며 '핸드 드라이어가 없는 화장실 지도'를 만들었다. 역의 화장실, 백화점의 화장실, 패밀리레스토랑의 화장실 등. 엄마는 늘 지도를 들고 다니면서 훈이를 핸드 드라이어가 없는 화장실로 데려갔다. 이렇게 하니 훈이도 외출했을 때 소변을 참는 일이 없어졌고 공중화장실을 이용할 수 있게 되었다.

그러는 동안 엄마는 무사시노히가시교육센터에는 비교적 가벼운 장애아가 많다는 것, 도립우메가오카병원에는 장애가 가벼운 아이들도 있지만 중증인 아이들도 많다는 사실을 알게 되었다. 가벼운 장애를 가진 아이를 보면 엄마는 어쩔 수 없이 훈이와 비교하고 있었다. 저 아이가 하는 것을 어째서 우리 애는 못하는 걸까 싶은 마음이 엄마를 괴롭혔다. 무사시노히가시교육센터에는 말을 할 줄 아는 아이도 있었는데, 훈이는 말이라고는 한 마디도 하지 않았다. 그럼에도 같은 장애아의 부모들끼리는 탁 터놓고 이야기할 수 있었다.

많은 장애아를 만나다 보니 훈이와는 비교할 수 없을 만큼 심한 장애를 가진 아이도 있었다. 그런 아이를 보면 우리 애는 그래도 이만하기를 다행이라며 안도했다. 그나마 행복한 편이라며 스스로를 위로했다. 하지만 역시 말을 할 줄 아는 아이를 보면 어쩔 수 없이 낙담하게 되고, 부러움이 고개를 들었다.

계속되는 난폭한 행동

우리는 자폐증이라는 말을 들으면 자신의 내면에 갇혀서 가만히 있는 장애처럼 여기기 쉽다. 하지만 실상은 그렇지가 않다. 과잉행동도 자폐증의 특징 중 하나다. 훈이도 그랬다. 외출을 했을 때 갑자기 이상한 소리를 내거나 내달리고는 했다. 그럴 때 엄마에게는 주변의 눈길이 차갑게 꽂히는 일이 많았다. 겉보기에 아무런 이상이 없어 보이는 훈이는 자칫하면 그저 가정교육을 제대로 못 받은 망나니처럼 보일 터였다.

훈이의 과격한 움직임은 집에서 더 두드러졌다. 일단 움직이기 시작하면 끝이 없었다. 소파에 올라가 점프하며 바닥에 착지한다. 탁! 또 소파 위에 올라가서 점프하며 바닥에 착지한다. 이런 행동을 반복했다. 계속해서 점프를 되풀이하는 것이다. 엄마나 할머니가 아무리 그만하라고 해도 멈추지 않았다. 몇 번이고 점프를 했다. 훈이가 점프했다가 착지하는 소리가 끝없이 이어졌다.

이 무렵, 엄마와 훈이는 임대아파트에 살고 있었기 때문에 점프 소음이 걱정스러웠다. 그래서 마룻바닥에 침대 매트를 깔아 조금이라도 소리를 줄이려고 애썼다.

그리고 훈이는 마음에 들지 않는 일이 있으면 분노발작을 일으켰다. 이유를 알 수 없을 때도 자주 있었다. 분노발작이 일어나면 훈이는 방에서 난리를 피웠다. 이상한 소리를 크게 지르고, 팔을 휘저으며 닥치는 대로 물건을 던졌으며, 벽과 바닥에 머리를 박았고, 소파에 뛰어오르다가 굴러떨어지고, 자신의 팔을 깨물고, 절규하면서 이리저리 뛰어다녔다.

이런 행동이 십 분, 이십 분씩 이어진다. 엄마의 인내심은 한계에 도달하고, 결국 감정이 격해져 자신도 모르게 손이 나간다. 하지만 엄마가 때려도 훈이는 울지 않는다. 엄마가 화가 났다는 의미를 모르기 때문이다. 상대방의 마음을 이해하지 못하는 것이다. 울지 않는 훈이를 보면 엄마는 점점 더 감정이 격해져서 더욱 심하게 때린다. 그래도 훈이는 울지 않는다. 또 때린다. 드디어 훈이가 소리를 지르며 닭똥 같은 눈물을 보이면 그제야 엄마의 흥분된 감정은 가라앉았다.

'이건 그야말로 학대가 아닌가.'

엄마는 스스로를 책망했다. 눈물이 멈추지 않고 쏟아졌다.

하지만 훈이의 분노발작은 매일같이 일어났다. 이런 일들이 평생 계속될 것을 생각하니 엄마는 절망적인 마음까지 들었다. 미래를 그려볼 수가 없어서 마음이 무겁고 닫혀만 갔다. 훈이와 함께 이 세상에서 사라지고 싶다는 생각까지 들었다.

아래층에 사는 사람에게서 끊임없이 불만을 들어야 했다. 결국 아래층에서는 '조용히 좀 해!'라는 종이를 써 붙였다. 현관문에 붙은 경고장을 본 엄마는 공포를 느꼈다. 죽이면 어떡하지 싶은 생각도 들었다. 관리인에게 상의해보았으나 당사자 간에 해결해보라는 대답만 돌아왔다. 해결 방법은 이사밖에 없어서 결국 엄마와 훈이는 그 아파트를 떠났다.

엄마는 정신과를 찾았다. 의사는 가벼운 우울증 상태라며 항우울제를 처방해주었다. 약은 별로 효과가 없었다.

친정아버지와의 갈등

함께 치료교육을 받는 아이의 보호자 중에 인간관계, 특히 가족관계로 고민하는 엄마들이 많다. 자폐증을 가진 아이가 태어나자 남편이 "네가 잘못해서 그래. 그래서 자폐증에 걸린 거야"라고 말했다는 엄마가 있고, 또 어떤 엄마는 시어머니로부터 "우리 집안에는 이런 애가 없다. 자폐증은 너희 집안에서 온 거다"라는 탓을 들었다고 했다. 시어머니 연령대의 분들은 자폐증에 대한 지식이 없다. 아니, 잘못된 지식을 가진 사람이 많다. 차가운 엄마에게 자폐증 아이가 많다는 '냉장고 엄마'와 같은 미신을 믿는 사람도 있다. 가족관계가 삐걱거리면서 사실상 가정이 붕괴되거나 이혼으로 내몰리는 엄마도 있다.

그런 이야기를 들으면 엄마는 자신이 행복한지 불행한지 알 수 없었다. 싱글맘이니 기댈 수 있는 남편이 없다. 그러다 보니 남편이 탓하는 소리를 들을 일도 없다. 남편이 없으면 시어머니도 시누이도 없으니 귀에 잡음이 들어올 일이 없다. 그런 면에서는 마음이 편하다고 생각했다.

그렇다고 친정 부모에게 도움을 청할 수 있었는가 하면 전혀 그렇지 못했다.

친정아버지는 어려운 사람이었다. 1934년생인 친정아버지는 완고하고 자신의 생활 페이스를 굳건히 지키는 사람이었다. 그 흐름을 깨면 친정어머니에게 노발대발하며 역정을 내었다.

친정어머니의 표현에 따르면 친정아버지는 자폐적인 성격을 가진 분이었다. 일요일 아침에 늦은 아침 식사를 해도 낮 열두 시면 어김없이 점심 식사를 차려내야만 했다. 그러지 않으면 친정어머니가 아무리 바쁜 상황이어도 화를 냈다. 자신이 정한 스케줄을 절대로 무너뜨리지 않는 편이었다.

엄마가 보기에 친정아버지는 아이를 싫어하는 것 같았다. 친정은 엄마의 아파트에서 멀지 않았지만, 훈이가 태어난 직후에도 친정에 자주 가지는 않았다. 가끔 들러도 친정아버지가 손자를 귀여워하는 일은 일절 없었다. 텔레비전의 채널을 유아용 프로그램으로 바꿔주는 일도 없었다.

훈이에게 자폐증이라는 진단이 내려졌을 때도 친정아버지는 딸인 엄마를 위로해주지 않았다. 다만 이렇게 말했다.

"조상 묘를 돌봐야 하는데 고생스러운 아이를 낳았어."

자폐증에 대한 이해도 전혀 없어서 눈앞에서 훈이가 날뛰기라도 하면 "조용히 못하겠느냐! 시끄럽다!"며 화를 냈다. 내몰리는 엄마의 마음을 살펴주는 법이 없었다. 이런 친정아버지의 태도는 어떤 의미에서 해가

갈수록 심해지고 완고해져서 소동을 피우는 훈이를 더 못 견뎌 했다. 엄마가 훈이와 함께 친정에 갈 때면 친정아버지는 운동한다며 일부러 밖으로 나가는 식이었다.

훈이의 식품 알레르기에 대해서도 이해해주지 않았다. 달걀과 유제품을 완전히 제거한 식사를 해야 하는 훈이의 눈앞에서 친정아버지는 소프트아이스크림을 맛있게 먹었다. 엄마는 그런 친정아버지의 무신경함이 믿어지지 않을 정도였다. 분노를 넘어서 포기할 수밖에 없었다.

반면에 친정어머니는 훈이를 귀여워했다. 자폐증이라는 장애를 이해했는지 어떤지는 엄마도 알 수 없었다. 아마도 친정어머니에게는 모성이 있었기 때문이리라. 설령 장애아라 할지라도 친정어머니에게 훈이는 사랑스러운 손자였다. 자폐증을 갖고 있느냐 아니냐는 상관없었던 것이다.

결국 이 시기에 엄마는 정신적으로 힘들어도 부모에게 도움을 요청할 수 없었다. 그나마 가장 의지가 된 것은 함께 치료교육센터에 다니던 엄마들이었다. 엄마는 스트레스가 너무 많이 쌓이지 않도록 컴퓨터로 일기를 남겼다. 불안과 초조함의 불길을 글로 지워버리려는 듯이 말이다. 그 양은 A4용지로 2,659쪽에 달했다.

셋

어린이집을 다니다

일반 아이들을 볼 때마다

건강한 일반 아이들을 바라보는 일은 엄마에게 큰 부담으로 다가왔다. 그 아이들은 훈이와 너무나도 달랐다. 장애가 없는 아이들을 보면서 부러워하던 마음은 질투로 바뀌었고, 급기야 미움의 감정으로 치닫기까지 했다.

엄마 자신은 아들의 자폐증이라는 장애를 받아들였다고 생각했다. 하지만 엄마는 어린이집에서 자꾸만 아들과 다른 아이들을 비교하게 되었다. 그것이 크나큰 스트레스였다.

어린이집 엄마들과의 대화도 점차 수월하지 않아졌다.

"우리 애는 뭐든지 언니를 따라 하려고 해서 너무 힘들어요."

그런 이야기를 들으면 엄마는 속으로 중얼거렸다.

'그게 왜 힘들어? 다른 사람의 행동을 따라 하는 아이는 사람에게 관심이 있다는 증거잖아. 우리 애는 사람한테 관심이 없으니 아무런 흉내도 내지 못한다고.'

또 이런 엄마도 있었다.

"요즘 나쁜 말을 배우더니 매일 그 말만 하려고 하는 거 있죠."

엄마는 말없이 이렇게 생각했다.

'나쁜 말이라도 하는 게 얼마나 다행이야. 우리 애는 말 한 마디 못하는데 ⋯⋯.'

편식하는 아이에 대해 고민하는 부모도 있었다. 하지만 엄마가 보기에는 너무도 호사스러운 고민에 불과했다.

'훈이는 식품 알레르기가 있어서 계란과 우유가 조금이라도 들어간 음식은 못 먹어. 그야말로 목숨을 걸고 밥을 먹는 거지. 게다가 미각이 아주 예민해서 편식도 도를 넘어선 정도야. 낫토랑 딤섬밖에 안 먹는다고. 애들이 한두 가지 편식하는 거랑은 차원이 다르단 말이야.'

자신의 아이가 그린 그림을 자랑하는 부모도 있었다. 아니, 자랑이 아니라 그저 사실을 말한 것뿐인지도 모르지만 엄마에게는 그것이 자랑처럼 들렸다. 훈이는 그림을 제대로 그리지 못했다.

엄마들과 이야기를 나눌수록 괴로움이 더해졌다. 일주일에 두 번씩 다니는 치료교육센터에서만 마음이 해방되는 듯했다. 일반 아이들과 그 부모들의 존재는 엄마를 우울하게 만들 뿐이었다.

항우울제는 효과가 없었다. 엄마의 기분은 가라앉았고, 우울한 시간이 길어졌으며, 무슨 일만 있으면 금세 눈물이 쏟아졌다. 점차 기력도 떨어진다는 걸 스스로도 잘 알 수 있었다.

현관에 웅크리고 있는 아이

매일 아침 여덟 시면 훈이를 어린이집에 데려다주고 현관에서 훈이를 담임 교사에게 인계한다. 그리고 오후 다섯 시에 데리러 가면 훈이는 현관에 웅크리고 있다. 담임은 "오늘도 교실에 들어오지 않고 아침부터 계속 여기 있었어요"라고 말한다. 그 말에 엄마는 온몸이 얼어붙는 것 같다.

이 무렵 엄마는 유아교실에서 어린아이들을 지도하는 일을 하고 있었다. 직장에 가서 여러 사람을 만나고, 또 일 관계로 많은 곳을 방문해 사람들과 대화하고 점심을 먹으며 다채로운 하루를 보냈다. 그런데 아들은 아침부터 계속 이곳에 이러고 있었다니, 얼마나 딱한 노릇인가. 그런 생각이 들자 엄마는 가슴이 죄어왔다. 일을 하러 가는 것은 기분 전환이 되지 못했다. 어린이집에서 훈이가 어떻게 지내는지 늘 마음이 쓰였다.

어린이집에는 실시간 카메라가 설치되어 있었다. 무선으로 보호자의 컴퓨터에서 어린이집의 영상을 볼 수 있었고, 카메라의 방향도 원격 조작이 가능한 최신 시스템을 갖추고 있었다. 엄마는 이 실시간 카메라를 보기로 했다. 일을 하는 중간중간에 몇 번이고 화면을 바라보았다.

그러면 어느 때는 역시나 하루 종일 현관에서 웅크리고 있는 훈이의 모습이 보였다. 또 어떤 날은 훈이가 교실에 들어가 있지만 다른 아이들과 어울리지 않았다. 모두 줄을 서서 노래를 하고 있어도 훈이는 누워서 그림책을 펼치고 있었다. 모두 의자에 앉아서 담임 교사의 말을 듣고 있을 때도 훈이는 교실 안을 서성거렸다.

엄마는 면목이 없었다. 도저히 더 보고 있을 수가 없었다. 그럼에도 눈은 컴퓨터의 화면으로 향했다. 훈이의 모습이 마음에 걸려서 카메라의 방향을 바꿔가며 훈이가 어디에 있는지 찾고, 그 모습을 계속해서 바라보았다. 그리고 낙담하기를 되풀이했다.

엄마는 훈이를 데리러 가는 시간이 점점 괴로워졌다. 어린이집 앞에만 가면 가슴이 두근거렸다. 혹시 담임이 '오늘도 교실에 안 들어왔습니다' 라고 하면 어쩌지? '단체행동이 안 된다'는 말을 들으면 어떻게 해야 하나 싶은 생각에 어린이집에 들어서는 것 자체가 공포였다. 어린이집 담임에게 그런 이야기를 듣지 않게 해달라고 기도하며 엄마는 컴퓨터의 화면을 집어삼킬 듯이 바라보았다.

훈이와 다른 아이들을 비교하는 일은 멈출 수가 없었다. 안 된다는 것을 아는데도 고쳐지지 않았다. 일할 때도 마찬가지였다. 유아교실에 다니는 아이들을 보면 어쩌면 저렇게 의젓할까 하며 무심코 훈이와 비교하곤 했다.

엄마 자신은 훈이에게 태교부터 시작해 영재교육을 그토록 열심히 했건만, 현실은 자폐증이었다. 오히려 지극히 보통으로 혹은 대충 키운 아이들이 훨씬 건강하고 공부도 잘하는 걸 볼 때마다, 엄마는 이 얼마나 아이러니한 운명인가 싶은 생각에 마음이 더더욱 가라앉았다.

주변에 자폐증임을 알리다

엄마가 아들 훈이의 자폐증 진단을 마음으로 받아들인 것은 이미 훈이가 어린이집에 들어간 지 일 년쯤 흘렀을 때였다. 어린이집에 자폐증이라는 말을 할지 말지 엄마는 무척이나 망설였다. 아이가 자폐증이라고 하면 어린이집에서 보육을 거절하지나 않을까 그것이 가장 두려웠다. 그런 사례가 종종 있다는 이야기를 치료교육센터의 엄마로부터 들었다. 또 하나의 걱정은 '이 아이는 자폐증이니까'라는 틀에 갇혀 성장할 수 있는 부분도 못하게 되지는 않을까 하는 것이었다.

실제로 훈이 정도는 아니더라도 산만한 아이는 어디에나 있다. 단순한 개성으로 넘겨볼까도 생각했다. 하지만 정말로 그래도 될까? 장애가 있다는 사실을 말하지 않으면 엄마는 가정교육을 제대로 하지 못한 부모로 어린이집의 비난을 받을지도 모른다. 훈이는 나쁜 행동을 하는 아이로 각인될 수도 있다. 그렇게 어린이집 생활을 한다면 아무 재미도 없을 것이다.

'그래, 솔직히 이야기하자.'

그리고 이왕 말하기로 한 이상, 자폐 아이를 대하는 방법을 알기 쉽게 전달해야겠다고 엄마는 마음먹었다. 자폐증의 모든 것을 전달하기란 사실상 불가능해서 말해봐야 소용없다. 자폐증에는 각각의 개성이 있어서 해당되는 것과 그렇지 않은 것이 있어서다. 그러니 교과서적인 설명은 무의미하다. 훈이의 자폐증을 가장 잘 아는 사람은 엄마 자신이니, 자신의 실제 체험에 근거해 가장 중요한 점을 정리했다.

엄마는 훈이의 진단명과 함께 다음 네 가지 내용을 어린이집에 전달했다.

- **낮잠용 이불**

낮잠용 이불은 정신안정제가 됩니다.

낮잠을 잘 때 외에도 이불을 만질 수 있게 해주면 차분해져요.

- **분노발작**

가끔 분노발작을 일으킵니다. 감각이 예민해서 등을 만지면 발작이 더 심해져요. 분노발작을 일으킬 때는 그냥 내버려 두세요.

- **앉아 있기**

눈앞에 관심을 끄는 물건이 없는 한 오래 앉아 있기는 힘듭니다.

짧은 시간만 앉아 있어도 된다고 해주세요.

- **일정이나 행사 변경 시**

평소 일정과 다르거나 생각하지 못한 일이 일어나면 불안해합니다. 갑자기 변경하지 말고, 미리 훈이에게 반복적으로 설명해서 마음의 준비를 할 수 있게 해주세요.

엄마의 걱정은 기우에 지나지 않았다. 어린이집은 자폐 아이인 훈이를 받아들여 주었다.

어린이집 다음은 다른 부모들이었다. 다른 부모들에게도 자폐증을 알리지 않으면 문제가 될 가능성이 있었다. 엄마 자신이 비난받을 수도 있고, 훈이도 따돌림을 당할지 모른다. 하지만 많은 보호자가 이해해주면 훈이는 주위의 보호를 받을 수 있을 것이다.

엄마는 장애를 그리 부끄럽게 여기지 않았다. 그런 의미에서 아이의 장애를 알리는 데 거부감이나 두려움은 거의 없었다. 도리어 알리는 편이 자신이나 훈이에게 유리할지, 아니면 잠자코 불이익을 견딜 것인지의 관점에서 생각해 알리는 것으로 결정했다.

어린이집에는 부모회 같은 것이 없었다. 그래서 아이를 등하원시킬 때 마주치는 엄마들에게 이야기했다.

"사실 우리 애가 자폐증이에요. 다른 아이들과 다른 점이 있어서 민폐를 끼치기는 하지만, 잘 부탁드립니다"라고 말하며 엄마는 머리를 숙였다.

다행히 부모들 대부분이 호의적이었다.

"도울 일이 있으면 뭐든지 말씀하세요. 응원할게요" 하고 말해준 사람과는 더욱 사이가 좋아졌다.

더러는 "그거 우울증 같은 거 아닌가요? 치료하면 좋아지는 거지요?", "애정결핍이 원인 아니에요? 좀 더 많이 안아주면 되지 않을까요?" 하고 잘못된 지식을 갖고 신경을 써주는 사람도 있었다. 그런 엄마들에게는 자폐증은 선천적인 뇌의 장애이며 평생 낫지 않는다는 것도 설명했다.

노골적으로 싫은 기색을 하는 사람도 한 명 있었다.

"장애아와 엮이고 싶지 않네요."

이런 사람은 자신과 인연이 없는 사람이라고 생각하고 엄마는 교류를 그만두었다.

결국 장애를 사람들에게 알려도 아무런 손해는 없었다. 엄마는 중요한 일은 숨길 게 아니라 도움을 요청해야 하는 것임을 알았다. 하지만 이때의 엄마는 진정한 의미에서 아직 장애를 수용하지 못하고 있었다. 엄마 스스로도 금방 그것을 알 수 있었다.

훈이가 자폐증이라는 사실을 알리자, 어린이집에서 훈이는 의자에 앉지 않아도 된다, 방에서 뛰쳐나가도 괜찮다, 기저귀를 떼지 못해도 된다며 특별히 배려해주었다. 배려를 받기 위해 어린이집에 장애 사실을 알린 것이다. 그런데 엄마는 '훈이가 아무것도 못하는 아이니까 특별 취급을 받는구나' 하고 부정적으로 받아들이고 말았다. 완전한 피해망상이었다. 감사하지 못하는 자신의 모습에 엄마는 더욱 의기소침해졌다.

긴장의 연속인 일상

어느 날, 엄마는 조금 더 자란 훈이를 데리고 시부야의 대형 가전판매점에 쇼핑을 하러 갔다. 4층짜리 커다란 건물이었다. 둘은 4층에 있었다. 물건을 사러 온 손님도 많았다. 엄마는 이럴 때면 상품을 보면서도 늘 훈이에게 주의를 기울였다. 나름대로는 옆도 뒤도 살펴보고 있다고 생각했다. 그런데 이날 엄마는 훈이를 잃어버리고 말았다.

"훈아! 훈 - 아!"

엄마는 이름을 불렀다. 하지만 말을 하지 못하는 훈이가 대답할 리는 만무했다. 자신의 눈으로 찾아내야만 했다. 예전에도 훈이를 놓친 적이 여러 번 있었지만 훈이는 늘 같은 층에서 발견되었다. 계단이나 에스컬레이터를 이용하는 아이가 아니었다. 다른 층으로 가면 안 된다는 판단은 하는 모양이었다.

엄마는 4층을 구석구석 찾아다녔다. 하지만 쉽게 눈에 띄지 않았다. 엄마는 마음을 다잡고 3층으로 내려갔다. 거기서도 훈이의 이름을 부르며 곳곳을 뛰어다녔다. 역시나 없었다.

엄마의 마음이 초조함으로 들끓기 시작했다. 2층, 1층을 찾아보았다. 역시 없었다.

'어쩌면 위층에 있는 걸 못 보고 지나친 걸까. 아니, 밖으로 나가버린 걸지도 몰라.'

그런 생각이 들자 심장이 덜컥 내려앉았다.

자폐 아이는 차가 오가는 도로의 위험성을 알지 못한다. 이전에도 비둘기에 눈이 팔려 빨간불인데도 횡단보도로 뛰어든 적이 있었다. 그때 엄마는 자기도 모르게 훈이에게 손이 나갔다. 빨간 신호의 의미를 알게 해야 한다고 생각했던 것이다. 지나가는 사람들이 애 엄마가 아동학대를 한다고 수군거리는 소리가 들렸다. 불쾌한 기분을 느낀 엄마는 훈이의 팔을 잡고 보도로 이끌었다.

만약 건물 밖으로 나가서 분노발작이라도 일으킨다면 차도로 뛰어들지도 모른다. 그렇지 않고 미아센터에서 보호받고 있다고 해도 두렵기는 마찬가지였다. 그런 곳에서는 아이들을 진정시키기 위해 과자 등을 나누어주기 때문이다. 대개의 과자에는 달걀이나 우유 성분이 들어 있다. 한 입이라도 먹으면 아나필락시스 쇼크를 일으킬 위험이 있다. 함께 식품매장을 걷다가 훈이가 금지 성분이 들어간 시식품에 손을 댄 일이 여러 번 있었다. 판매원이 내미는 음식을 어느새 손에 쥐고 만 것이었다. 그럴 때면 엄마는 단호하게 훈이의 손에서 시식품을 쳐냈다. 하지만 훈이 자신은 무엇을 먹으면 위험한지 알지 못했다. 훈이는 혼자 두면 안 되는 아이였다.

엄마는 건물 밖으로 나왔다. 그곳은 사람들로 북새통을 이루는 시부야였다. 번화가답게 도로는 인파로 넘쳐났다.

'이 속에서 찾아내야만 한다.'

그렇게 생각하자 급격히 기력이 사라졌다. 현기증이 날 것만 같았다. 머리는 불안한 생각, 불길한 생각, 최악의 생각으로 가득했다.

그때 한 가지 생각이 먹구름처럼 마음속으로 퍼졌다.

'이대로 찾지 못하면 좋겠어 ······.'

그 순간 엄마의 눈에 교차로 앞에서 울부짖는 훈이의 모습이 들어왔다. 지나가던 여성이 훈이에게 말을 걸고 있었다.

엄마는 소리치며 훈이에게 달려갔다.

"제 아이예요!"

그렇게 외치며 여성에게 감사의 인사를 했다. 울부짖던 훈이는 엄마를 보고는 울음을 그쳤다. 하지만 엄마의 품으로 안겨 들지는 않았다.

엄마에게 이 무렵의 일상은 긴장의 연속이었다.

그 후로도 건강한 일반 아이들과 아들 훈이를 비교하는 일은 여전히 멈춰지지 않았다. 게다가 엄마는 자신도 비교하는 주제에 어린이집 담임 교사와 다른 엄마들에게는 '댁의 건강한 아이들과 우리 아들 같은 장애아를 비교하지 말라고!' 하는 불합리한 생각에 휩싸여 있었다. 훗날 돌이켜보았을 때 훈이가 어린이집에 다니던 시절이 엄마에게는 가장 괴로운 시기였다. 좋은 어린이집 담임을 못 만났다는 이야기가 아니다. 엄마는 많은 일반 아이들 속에 홀로 던져진 훈이가 그들과 이루는 선명한 대비를 지겹도록 바라보아야 했기 때문이다.

그리고 이 시기에 엄마는 장래에 대한 불안이 심했다. 치료교육 시설에는 같은 처지의 엄마들이 많았는데, 그녀들 역시 앞을 내다볼 수 없었다. 엄마는 자신이 있을 자리를 찾은 기분이었지만, 다 함께 어깨를 맞대고 불안을 견디고 있는 형국이었다.

엄마가 진정한 의미로 훈이의 자폐증을 수용하고 앞을 바라보며 살아가는 것은 조금 더 훗날이었다.

넷

부모회와 만나다

치료교육수첩을 취득하던 날

　　　장래에 대한 커다란 불안을 껴안게 된 데는 치료교육을 받고 있는 장애아가 또래 아이들뿐이라는 요인도 한몫했다. 그래서 또래 아이들의 부모뿐 아니라 더 큰 아이들의 선배 부모의 이야기도 들어보고 싶었다. 그런 생각이 든 엄마는 컴퓨터의 검색창에 '자폐 아이를 가진 부모'라고 입력해보았다. 그러자 도쿄도자폐증협회에 도달할 수 있었고, 망설임 없이 회원 가입을 한 후 곧장 부모회에 참가했다.

　건물의 한 방에 들어서자 그곳에는 어린아이부터 성인이 된 자폐 아이를 키우는 부모들이 있었다. 그중에는 자녀가 사십 대이고 부모가 칠십 대인 경우도 있었다. 풍부한 지식을 가진 보호자들에게서 배울 점이 많았다. 엄마는 선배 엄마들과 적극적으로 교류하기로 마음먹었다. 모임이 끝난 후에도 식사 자리를 가지며 여러 정보를 얻었다. 지금 당장만을 생각하는 것이 아니라 장래를 내다본 조언도 들을 수 있었다.

　첫 조언은 치료교육수첩('요육수첩(療育手帳)이라고도 하며, 지적장애·발달장애에 교부된다. 한국의 장애인복지카드(장애인등록증)에 해당한다. 일본은 '수첩대국'이라

63

는 표현이 있을 정도로 각종 법적 제도를 이용하는 근거로 수첩을 교부한다)을 취득하는 일이었다.

"아직 없어요? 최대한 빨리 받으세요. 아동상담소에서 예약할 수 있어요. 예약해도 검사는 반년에서 일 년 후가 될 테니까 서둘러 움직이세요."

치료교육수첩은 IQ 70~75 이하(지자체에 따라 다르다)의 지적장애아에 대한 증명서다. 장애의 정도에 따라 1급(최중도)에서 4급(경도)으로 분류된다.

엄마는 수첩이 있다는 사실은 알고 있었지만 적극적으로 받으려는 생각은 없었다. 또 보호자에 따라서는 수첩을 받으면 '장애아 딱지를 붙이는 셈이 된다'거나 '아직 성장할 가능성이 있는데 그걸 포기하는 거다'라며 거부 반응을 보이는 사람들이 있다는 사실도 알고 있었다.

사실 엄마는 훈이가 수첩을 받는 것이 어렵지 않을까 생각하던 터였다. 그런데 구의 아동상담소에서 검사를 받으니 3급(중도) 판정이 나왔다. 엄마로서는 그 사실이 놀라울 따름이었다. 훈이의 상태가 그렇게 심하다고는 전혀 생각하지 않았기 때문이다. 수첩을 받으려고 나선 걸음이었건만 충격을 받은 엄마는 울면서 돌아왔다.

이후로는 치료교육수첩을 늘 휴대하게 되었다. 하지만 사용하기가 무척이나 망설여졌다.

치료교육수첩이 있으면 특별아동부양수당을 지급받고 세금 공제를 받을 수 있다. 전철과 버스, 택시 등의 승차요금도 할인된다. 따라서 전철이나 버스를 탈 때 치료교육수첩을 제시하게 되는데 엄마는 이것에 강한 거부감을 느꼈다. 수첩을 보여줄 때 주위에서 '저 애는 장애가 있구나'라는 시선으로 바라보는 것만 같았다.

부끄럽다는 느낌과는 조금 달랐다. 아이에게 이런 장애를 가진 상태로 태어나게 해서 미안하고 죄스러운 마음이 들었다. 또 가족여행을 갈 때 교통기관에서 치료교육수첩을 이용하면 친정아버지가 "꼴사나우니 치워라!" 하고 역정을 내서 마음이 무거웠다.

자폐라는 세계에 들어가다

훈이는 만 5세가 되어서도 손끝이 야물지 못하고 젓가락 등의 도구를 제대로 사용하지 못해서 음식을 손으로 집어 먹는 일이 많았다. 이에 대해 심각하게 고민하던 엄마는 부모회에 상의해 의견을 물었다.

베테랑으로 보이는 한 엄마가 태연하게 이야기했다.

"그거 알아요? 손으로 음식을 먹는 문화를 가진 나라가 세계의 절반이 넘어요. 신성한 음식은 도구를 쓰지 않고 손으로 먹는 편이 좋다고 생각하는 나라도 있어요. 손을 깨끗하게 씻기만 하면 손으로 먹는 게 무슨 문제가 되나요? 자폐증을 가진 아이가 커서도 손으로 집어 먹는 경우는 거의 없으니까, 훈이도 몇 년만 지나면 도구를 사용하게 될 거에요."

이 말을 들은 엄마는 놀랐다.

'그렇게 생각할 수도 있구나 ……'

엄마는 당장 눈앞의 훈이밖에 보지 못했다. 미래에 대한 전망이 보이
지 않았다. 하지만 베테랑 엄마는 자폐증이 있는 많은 아이와 성인을 보
아왔다. 그러니 언젠가는 도구를 쓰게 된다는 사실을 알고 있었고, 더구
나 유연한 발상을 가지고 있었다. 그러나 음식을 손으로 집어 먹는 게
무슨 문제냐는 말은 조금 충격적이었다.

또 다른 엄마에게는 어린이집에서 찍은 훈이의 사진을 보여주었다. 다
른 아이들이 한 줄로 바르게 서서 노래를 부르고 있는데, 훈이는 뒤쪽
바닥에서 그림책을 펼쳐놓고 있는 모습이었다.

"우리 애는 다른 애들이랑 함께 노래하거나 하는 단체행동이 전혀 안
돼요."

엄마는 한탄하듯 상담을 시도했다.

그런데 알고 보니 사진을 보여준 상대방 엄마가 바로 아스퍼거증후군
이었다. 거듭 말하지만 아스퍼거증후군은 정상의 지능을 가진 자폐의
한 유형으로 고기능 자폐다. 따라서 훈이의 마음을 잘 이해했다. 이해할
뿐만 아니라, 그 마음을 말로 전달해 주기까지 했다.

"이렇게 한 줄로 서 있는 아이들 정말로 신기하네요. 어떻게 다 같은
자세로 서서 노래를 하는 걸까요? 뒤에서 책을 읽는 게 훨씬 재미있을
텐데."

이 말 역시 엄마에게는 충격이었다.

'그렇구나, 나는 보통의 관점으로만 아들의 세계를 바라보고 있었던 거구나.'

자폐 아이의 세계란 대체 어떤 것인지 엄마로서는 여전히 모르는 점이 많았다. 더 공부하고 알아야겠다는 마음이 들었다. 사고방식을 조금이라도 바꿔서 유연해져야겠다고 결심을 했다.

부모회에서는 얼마든지 많은 정보를 얻을 수 있었다. 누군가가 고민을 이야기하면 반드시 우리는 이렇게 하고 있다는 대답이 돌아왔다.

'아, 나만 그런 게 아니구나. 나는 혼자가 아니었어.'

엄마는 깊은 안도감을 느꼈다.

2차 장애의 간접 경험

어느 날 부모회에서 베테랑 엄마가 말을 걸어왔다. 훈이의 나이를 들은 베테랑 엄마는 감탄하며 말했다.

"아직 어리네요. 두 살에 자폐증이라는 진단을 받았다니 진짜 운이 좋았군요."

"그런 건가요?" 엄마가 되물었다.

"저는 아이의 장애를 늦게 알았어요. 알고 나서도 그 장애를 인정하지 못했지요. 가능하면 일반 아이들과 같아지기를 바라면서 아이에게 무리하게 요구했어요."

"어떤 식으로요?" 엄마가 다시 물었다.

"어째서 다른 친구들은 다 하는 걸 너는 못하느냐고 늘 혼냈어요. 질책만 했지요. 초등학생이 되어서도 따돌림을 당하고, 담임 선생님한테도 아무것도 못하는 아이로 찍혔어요. 그러다가 벌써 열일곱 살이 되었네요."

"아이는 지금 어떻게 지내나요?"

"자살 충동을 막을 수가 없어요. 가족들이 감시하는 것도 한계에 달해서 지금은 정신과병원에 입원시켰어요."

"저런 ……."

엄마는 등줄기가 오싹해졌다.

"애가 나한테 따져요. 어째서 자기 인생은 이렇게 고통스러우냐고. 살면서 즐겁다고 생각한 적이 한 번도 없대요. 엄마는 왜 자기를 낳았냐면서 ……."

엄마는 아무런 대꾸도 하지 못했다. 베테랑 엄마는 마지막으로 한 가지 충고를 해주었다.

"나중에 우리 애처럼 2차 장애를 겪지 않게 해주세요. 아드님의 특성에 맞게 양육하시면 돼요."

이번에도 2차 장애라는 말이 나왔다. 하지만 이때 들은 그 말은 현실로 다가왔다.

결국 자폐를 인정하다

초겨울의 어느 날, 도립우메가오카병원의 중앙 뜰은 낙엽으로 붉게 물들어 있었다. 훈이는 어린이집에서도 형님 축에 들 만큼 자랐다. 엄마와 아들은 치료교육을 받기 위해 평소처럼 뜰을 지나고 있었다. 그날은 시간보다 일찍 도착한 탓에 천천히 걸었다.

엄마는 아무 생각 없이 하얀 외벽의 입원병동 쪽을 바라보았다. 커다란 창을 보고는 가슴이 덜컥 내려앉는 듯했다. 창의 안쪽에 철창이 끼워져 있었던 것이다.

가만히 창에 다가가 보았다. 하얀 방 안에는 키가 140센티미터 정도 되어 보이는 남자아이가 파자마 차림으로 창을 등진 채 우두커니 서 있었다. 초등학교 4학년쯤 되었을까. 의자와 침대 밑으로 벨트가 내려와 있는 것이 보였다. 신체를 구속하는 용도의 억제대가 분명했다. 숨이 막히는 것 같았다.

그 아이가 대체 어떤 병으로 입원했는지는 모른다. 아동정신과병원이니 발달장애뿐만 아니라 조현병(정신분열증이라 불렸던 병으로, 한국은 2011년에 조현병으로, 일본은 2002년에 통합실조증으로 개정하였다. 조현병이란 조율되지 않은 현악기의 혼란스러운 상태와 같다는 뜻이다) 등 정신질환을 가진 아동도 입원해 있을 터였다. 하지만 어쩌면 자폐증의 2차 장애일지도 몰랐다.

I의사의 말이 되살아났다. 억지로 화장실 핸드 드라이어를 사용하게 하면 2차 장애를 일으켜 입원하게 될지도 모른다고 했었다. 또 부모회에

서 이야기된 자살 기도와 우울증 같은 2차 장애를 겪는 아이들은 거의 모두가 도립우메가오카병원에 입원해 있었다.

철창이 달리고 억제대가 설치된 병실에 입원하는 아이들의 부모는 어떤 심정일까 싶어 엄마는 마음이 아파왔다. 훈이가 이 방에서 침대에 묶여 있는 모습을 상상하게 되었다. 그것은 인간으로서의 존엄이 사라진, 비참하고도 슬픈 모습이었다.

다른 사람에게서 말로 백 번 듣는 것보다 철창 너머의 소년의 모습이 훨씬 강한 충격으로 다가왔다. '지금 훈이에게 강압적으로 시키면 I의사 말대로 나중에 여기 입원하게 될지 모른다'는 공포를 느꼈다. 그러자 단번에 눈이 번쩍 뜨이면서 '아무리 노력해도 다른 일반 아이들처럼 되지는 않는 거니까 과도한 기대는 그만두자'라는 마음이 들었다.

2차 장애로 고통받는 아이의 모습이 구체적으로 떠오르면서 엄마는 생각을 바꾸었다.

'지금 힘든 것쯤은 아무것도 아니다. 분노발작을 일으켜 자신의 팔을 깨무는 것 정도는 힘든 일에 들어가지도 않는다. 오히려 티끌 같은 일이다. 지금은 장애를 극복시켜야겠다고 할 때가 아니야. 아이를 바꾸는 게 아니라 부모인 내가 바뀌어야만 해. 그렇지 않으면 훗날 더 무서운 일이 닥치게 될 거야.'

이 체험은 엄마가 진정한 의미에서 훈이의 장애를 받아들이는 계기가 되었다. 현실을 인정하지 않으면 미래는 지금보다 더 비참한 상태가 될 수 있다는 것을 직면한 것이다. 엄마로서는 어떤 의미에서 보면 장애를 수용하고 앞으로 나아가는 것 외에는 길이 없었던 셈이다. 생각해보면 그것은 훗날 크나큰 행운이었다.

엄마는 그날을 기점으로 훈이를 야단치지 않았다. 훈이의 과잉행동과 분노발작, 협조성이 떨어지는 행동을 이해하려고 했다.

'이 아이의 세계를 부정하면 안 된다, 훈이는 자신의 세계 속에서 살고 있다, 그것을 통째로 인정해주지 않으면 훈이는 더더욱 마음의 비명을 지를 것이다.'

그래서 엄마는 생각했다. 훈이를 있는 그대로 받아들이기로.

다
섯

절대음감을 발견하다

서번트증후군

영화 『레인맨』은 자신의 욕구에 솔직하게 살아가는 동생과 자폐증 형과의 마음 교류를 그려낸 인간적인 이야기다. 무엇보다 큰 볼거리는 형 역을 맡은 영화배우 더스틴 호프만의 연기다. 형은 '사람에게 관심이 없다', '정해진 생활 패턴을 고수한다', '몸에 지니는 물건의 종류에 집착한다', '다른 사람과의 접촉을 싫어한다' 등 전형적인 자폐증의 특징을 가지고 있다.

그리고 그에게는 특수한 재능이 있다. '전화번호부를 암기해버리는 기억력', '바닥에 쏟아진 이쑤시개의 개수를 순식간에 세는 계산력', '복잡한 계산을 단번에 해내는 암산력', '정교한 그림을 그리는 회화력'. 하지만 그는 물건을 살 때 계산할 줄도 모르고 돈의 가치도 알지 못한다. 영화의 백미는 라스베이거스 카지노에서 트럼프의 숫자를 전부 암기해 카드 게임에서 이기고 큰돈을 손에 넣는 장면이다.

지적장애나 자폐증을 가진 사람이 이러한 암기력이나 계산, 회화력을 보이거나 음악에 재능을 발휘하는 것을 두고 서번트증후군이라고 한다. '서번트'는 프랑스어로 학자라는 뜻이다. 지적장애인이 어떻게 이러한 재능을 발휘하는지 현재로서는 명확히 알려진 바가 없다. 하지만 서번트 증후군의 존재는 꽤 이전부터 알려져 있다.

노벨문학상을 받은 일본 작가 오에 겐자부로의 아들 오에 히카리는 뇌류(腦瘤)라는 선천 기형을 가지고 태어났다. 후두부의 뼈가 일부 없어서 뇌가 튀어나오는 기형이다. 수술로 목숨은 건졌지만 그는 지적장애인으로 살아가게 되었다. 오에 히카리는 어린 시절부터 소리에 민감했다. 들새의 소리를 구별하고 클래식 음악에 큰 관심을 보였다. 열한 살에 피아노를 배우기 시작했고 열세 살에는 작곡을 했다. 일본골드디스크대상과 일본아카데미상에서 우수음악상을 수상한 그는 서번트증후군이었던 것이다.

비발디의 「사계」

훈이의 자폐증을 인정하면서도 아직 완전히 받아들이지는 못했을 때, 엄마는 한 텔레비전 프로그램에 사로잡혀 있었다. 그곳에는 피아노를 치는 오에 히카리의 모습이 있었다. 엄마는 자기도 모르게 '이거다!' 싶었다.

'자폐증인 우리 아이에게도 분명 무언가 숨은 재능이 있을 거다. 그것을 찾아서 키워주는 것이 부모의 사랑이야.'

자신의 아이를 긍정하고 싶었다. 남들에게 인정받을 만한 어떤 유능한 것을 찾고 싶었다. 엄마는 그것이 음악이 아닐까 하고 생각했다. 그렇게 생각한 데는 이유가 있었다.

엄마는 훈이가 배 속에 있을 때 태교로 비발디의 「사계」를 반복해서 들려주었다. 갓 태어났을 때도 마찬가지였다. 그런데 생후 3개월쯤 되었을 때 CD가 망가져버렸다. 그래서 새로 CD를 사서 「사계」를 계속 들려주었다. 다만 연주하는 오케스트라는 달랐다. 「사계」가 흘러나오고 곡이 진행되면서 바이올린이 중심이 되는 부분이 되자 훈이는 불에 덴 듯이 울음을 터뜨렸다.

처음에는 같은 부분에서 훈이가 울음을 터뜨린다는 사실을 알아차리지 못했다. 울 때마다 기저귀를 갈고 분유를 먹이고 안아주며 달랬다. 하지만 그 큰 울음은 늘 「사계」의 도중에 찾아왔다.

엄마는 '혹시나' 하는 마음에 이전에 들려줬던 것과 같은 CD를 찾아서 구입했다. 그러자 늘 울음을 보이던 곳에서 우는 일이 거짓말처럼 사라졌다. 돌도 되지 않은 아기가 바이올린의 소리를 구분하고 자신의 취향을 주장했던 것이다.

이때는 아직 자폐증을 의심할 만한 월령이 아니었다. 다만 엄마는 훈이의 청각이 매우 뛰어나다는 강한 인상을 받았다. 오에 히카리의 피아노 연주를 본 엄마는 흥분했다. 어쩌면 훈이도 음악에 재능이 있을지 모른다, 무능한 아이가 아니라 텔레비전에 나올 정도로 굉장한 아이일 수도 있다고 여겼다.

피아노를 배우다

　　엄마는 훈이에게 일본에서 가장 수준이 높은 피아노학원 레슨을 받게 하고 싶었다. 부모회에서 이야기해보니, 훈이보다 네 살 위의 한 아이가 피아노를 배우고 있다고 했다. 그 아이가 다니는 곳은 이치온카이(一音会)라는 음악교실이었다. 여러모로 알아보니 이치온카이는 아이들의 음악 교육 면에서 가장 우수하다는 평을 받고 있었다. 레슨비도 그리 비싸지 않았다. 다만 집에서 전철로 한 시간 반이나 걸리는 곳이었다.

　　훈이는 전철 타는 것을 좋아했기 때문에 전철 안에서는 얌전히 있었다. 한 시간 반 동안 줄곧 창밖을 바라보았다.

　　이치온카이에서는 절대음감의 습득에 힘을 쏟는다. 절대음감이란 어떤 음을 들으면 다른 음과 비교하지 않아도 그 음명을 아는 능력을 말한다. 절대음감을 가진 사람은 인구의 1퍼센트가 안 된다고 한다. 단, 유아기에 트레이닝을 받으면 대부분이 익힐 수 있다고 했다.

　　일단 절대음감을 익히면, 귀로 들은 음악을 악보로 옮기거나 그대로 연주할 수 있다. 모든 프로 음악가가 절대음감을 가지고 있지는 않지만, 어릴 때 절대음감을 습득하면 음악적 재능을 키우는 데 매우 유리하다.

　　여러 음을 동시에 연주한 것을 화음이라고 한다. 이치온카이에서는 음악교사가 피아노로 화음을 치는데, 그 종류는 열네 가지나 된다. 학생들 앞에는 각각의 화음에 대한 14색 깃발이 놓여 있다. 음악교사가 화음을 치면 학생이 깃발을 드는 식의 트레이닝을 한다. 정답을 맞힐 때까지 반복하며 열네 종류를 완벽히 맞히게 될 때까지 적어도 일 년, 대개는 이 년이 걸린다.

훈이는 교실 안에서 가만히 있지 못했다. 아예 의자에 앉아 있지를 않았다. 엄마는 어떻게든 훈이를 깃발 앞에 앉히고 화음과 깃발의 조합을 외우게 했다.

엄마와 훈이는 전철로 먼 거리를 다녔다. 엄마의 눈에 훈이가 즐거워 보이지는 않았다. 원래 '나는 이렇게 하고 싶다'는 마음을 드러내지 않는 아이다. 그러니 가고 싶지 않다는 의사도 표현하지 않았다. 엄마가 음악 교실에 다닌다고 규칙을 만들면 그것을 '가야만 하는 장소'로 생각하고 지키려고 하는 것이 자폐 아이인 훈이의 행동 패턴이었다.

훈이는 고작 두 달 만에 열네 종류의 화음을 완전히 다 맞혔다. 음악 교사는 "지금껏 지도한 아이들 중에서 가장 빨리 마스터했어요!"라며 칭찬했다. 엄마는 기뻤다. 점차 기대도 커졌다. 이 재능을 키워줘야만 한다고 다짐했다.

피아노를 잘 치려면 값싼 전자피아노로 연습하면 안 된다는 생각에 큰마음을 먹고 업라이트 피아노를 샀다. 피아노를 놓을 공간을 확보하기 위해 침대를 처분하고 피아노를 설치했다. 훈이가 음악교실에서도 집에서도 피아노를 치며 최고의 환경에서 능숙해지기를 바랐다.

영화와 다른 현실 이야기

그런데 훈이는 피아노를 치는 데 전혀 관심을 보이지 않았다. 엄마가 치게 하려고 해도 싫어했다. 건반 앞에 앉으려고도 하지 않으니 엄마의 기대는 점차 시들어갔다. 훈이는 피아노 소리를 좋아한 것이 아니었다. 그러니 직접 소리를 내려고 하지 않았던 것이다.

이치온카이는 일 년 후에 그만두었다. 피아노도 팔아버렸다. 엄마는 실망했다기보다도 무언가 꿈에서 깬 듯한, 그리고 어깨의 짐이 내려진 것 같은 기분이 들었다. 훈이에게 절대음감의 능력이 있는 것은 분명하지만, 그것을 써서 음악의 재능을 꽃피우고 남들 앞에서 칭찬받는 것은 전혀 별개의 일임을 깨닫게 된 것이다.

오에 히카리는 타고난 능력과 좋아하는 일이 일치한 덕분에 재능을 꽃피운 것이리라. 자폐 아이들 중에는 서번트증후군을 가진 경우가 꽤 있다는 설도 있다. 하지만 무언가 특수한 재능이 있어도 그것이 도움이 되는 일은 거의 없는 게 현실이다.

전철에 관심이 많아서 방대한 양의 관련 데이터를 암기하고 있는 자폐 아이가 있다. 하지만 그 아이가 전철회사에 취직할 수 있느냐 하면 그건 전혀 다른 문제다. 취직한다고 해도 아마 전철을 운전하지는 못할 것이다. 결국 전철회사 내에서 전철의 운행과 직접적인 관계가 없는 단순노동을 맡게 되리라.

그러니 영화 『레인맨』의 주인공처럼 카드를 암기해 돈을 버는 것은 불가능하다. 그것은 영화 속의 이야기일 뿐이다. 엄마는 더 이상 다른 일에 도전해야겠다는 생각은 하지 않았다. 현실을 깨닫고 어떤 의미에서는 포기한 것이다.

　나중에 들은 이야기지만 훈이의 예민한 청각은 초등학생이 된 후로도 지속되었는데, 까마귀의 울음소리를 구별할 정도였다고 한다. 동네에는 '큰부리까마귀'와 '까마귀'가 있었다. 훈이는 도감에서 까마귀의 종류를 익히고 울음소리로 그 종류를 구별해냈다.

　한 가지 더 훈이의 서번트증후군에 관한 이야기가 있다. 내가 처음 훈이를 만난 날, "2017년 12월 10일은 무슨 요일이지?" 하고 물었다. 그날은 전년도의 내 생일이었다. 뜸 들이는 기색 없이 대답이 돌아왔다.

　"일요일."

　정답이었다. 훈이가 뭔가 특별한 계산 방법을 사용한 것은 아니다. 반년 전의 달력을 암기하고 있는 것이었다.

여섯

엄마라고 불리고 싶어

무발화

　　말을 하느냐 못하느냐는 자폐 아이를 둔 부모에게는 가장 신경이 쓰이는 부분이다. 부모회에서는 그것이 화제가 되기도 했다.

"말을 할 줄 아는 발달장애아가 부러워요. 사랑을 쏟으면서 몇 년을 키우고 치료교육을 여러 해 했는데도 한 번도 아이 목소리를 못 들어봤어요. 엄마라는 소리도 못 들었어요."

다른 의견도 있었다.

"그 심정이야 알지만 발달장애가 있으면 상대방의 마음을 이해하지 못하니까 문제만 일으키게 될 수도 있어요. 저는 그런 고민을 하는 엄마들을 많이 봤습니다. 말을 하지 않는 편이 편한 걸지도 몰라요."

하지만 엄마는 훈이가 말을 하기를 바랐다. 부모회에 참여하는 사람의 자녀 중에는 성인에 가까운 나이임에도 전혀 말하지 않는 아이도 있었다. 훈이가 평생 말을 하지 않을 수도 있겠구나 싶었다. 엄마는 그런 미래를 상상하는 것만으로도 슬픔이 밀려왔다.

엄마는 유아교육 전문가였기에 자신의 아이를 키울 때 흔히 말하는 유아어를 쓰지 않았다. '멍멍이'가 아니라 '개'라고 알려주었다. '야옹이'가 아니라 '고양이'라고 했다. 그리고 '엄마'를 알려주기 위해 카드에 글로 써서 돌도 되기 전부터 보여주었다.

엄마는 훈이 앞에서 자신을 가리키며 "엄마, 엄마" 하고 말을 걸었다. 하지만 훈이는 전혀 말을 하지 않았다. 세 살, 네 살이 되어도 마찬가지였다. 옹알이처럼 말을 하는 것도 아니고 완전한 무발화였다.

엄마는 어쩌면 '엄마'라는 말이 어려운 게 아닐까 생각했다. '마미'라는 말이면 따라 할지도 모르겠다 싶어서 주치의인 M의사와 상의해보았지만 "아드님이 말을 하지 않는 건 자폐증 때문입니다"라는 대답만 들었다.

엄마는 미션계 대학을 졸업한 가톨릭교도였다. 훈이도 생후 5개월에 세례를 받았다. 엄마는 성당에 갈 때면 늘 기도했다.

"우리 훈이가 어떻게든 말을 할 수 있도록 해주세요. 훈이가 식품 알레르기로 죽지 않도록 해주세요."

친구들을 바라보다

무사시노히가시교육센터에서는 그 무렵 모방 훈련을 하고 있었다. 센터 교사가 두 손을 머리 위에 올린다. 아이들에게 동작을 따라 하도록 하면 일반 아이들은 교사처럼 두 손을 머리에 올린다.

이번에는 교사가 두 손을 어깨에 올린다. 아이들도 따라 한다. 이런 모방은 돌이 되기 전부터 보이는 동작이다. 클리닉에서 영유아검진을 할 때면 10개월이 넘은 아이를 둔 부모에게는 "손을 두드리거나 손을 흔들며 빠이빠이 하는 동작을 따라 합니까?" 하고 꼭 물어본다. 아이들 대다수가 할 수 있다.

훈이는 센터 교사의 동작을 전혀 따라 하지 않았다. 사람에게 관심이 없기 때문이다. 그러니 애당초 교사를 보려고도 하지 않는다. 교육센터의 교사는 끈기 있게 머리에 손을 올리는 동작을 되풀이하며 훈이가 따라 하기를 기다렸다.

이런 훈련이 몇 달 동안 계속되는 사이에 서서히 훈이에게 변화가 나타났다. 조금씩이지만 훈이가 교사를 쳐다보기 시작했다. 분명한 동작은 아니었지만 머리 위로 손을 가져가는 모습도 보였다.

그런 다음에 교사가 말을 하도록 했다. "안녕!" 또는 "빠이빠이!" 하고 말을 건다. 하지만 훈이는 쉽게 말을 하지 않았다. 인내심을 갖고 끈기 있게 치료교육을 계속하다 보니 교사가 "안녕!"이라고 인사하면 훈이도 입을 열고 "아 ……" 하는 발성을 했다. "바이바이"라는 인사에는 "…… 이" 하고 소리를 냈다. 엄마는 기뻤다. 이제 드디어 말을 하게 되는 건가 싶었다. 하지만 이후로 진전은 없었다.

다만 무사시노히가시교육센터의 치료교육은 확실히 효과가 있었다. 훈이가 주위를 바라보고 관심을 갖게 되었기 때문이다. 가령 수영장만 해도 그랬다. 모두들 물속에 들어가기 전에 준비운동으로 맨손체조를 하는데 훈이는 친구들과 맞춰 체조하는 법이 없었다. 멋대로 수영장 주변을 돌아다닐 뿐이었다.

그런데 치료교육이 진행되면서 훈이도 체조하는 친구들을 바라보기 시작했다. 이전에는 마치 돌이나 풀을 보는 듯했다면 점차 사람이라는 존재를 인식하게 된 것이다. 그리고 자신도 주위에 맞춰 몸을 움직이게 되었다. 무사시노히가시학원의 치료교육은 힘들기는 했지만 서서히 성과를 보이고 있었다.

처음 내뱉은 말

어느 날 엄마와 훈이는 도큐백화점의 식당가에 식사하러 갔다. 우동가게에 들어가 우동을 먹었다. 밀가루 알레르기가 나았을 무렵의 일이다.

식사가 다 끝나갈 때쯤 아르바이트생으로 보이는 점원이 다가와 훈이의 그릇에 손을 뻗었다.

"치워드리겠습니다."

"아직 먹어!"

태어나서 처음으로 한 말이었고, 훈이는 이미 다섯 살이었다.

엄마는 너무 기쁜 나머지 흥분을 감출 수 없었다. 아들이 처음 내뱉은 말은 '엄마'가 아니었다. 게다가 엄마인 자신을 향해서가 아니라 아르

바이트 청년을 향해 말했다. 하지만 그런 건 아무래도 좋았다. 단번에 두 어절의 말을 했다는 사실만이 엄마의 마음을 뒤흔들었다.

"아직 먹어!"라는 말을 시작으로 훈이가 계속 말을 하게 되었느냐면 사실 그렇지가 않다. 엄마는 훈이의 말이 늘도록 열심히 대화를 되풀이했다.

엄마가 자신을 가리키면서 훈이에게 묻는다.

"이건 누구야?"

"…… 야."

"이건 누, 구, 야?"

"…… 누구야."

부분적인 모방이 계속되었다. 좀처럼 엄마라는 말은 하지 않았다.

하지만 반년이 지나고 일 년이 지나자 말은 조금씩 늘었다.

여섯 살이 된 훈이에게 엄마가 자신의 코를 가리키면서 묻는다.

"이건 누구야?"

"이건 누구야."

"아니지. 이건 누구야!?"

"코."

대화가 되지는 않았지만 훈이는 엄마의 안색을 살피게 되었던 것이다. 상대방이 화를 내고 있다는 사실을 알게 된 듯했다.

또 이런 대화도 있었다.

"이름이 뭐야?"

"훈이입니다."

이번에는 엄마가 다르게 묻는다.

"이름이?"

"뭐야? 훈이입니다."

엄마가 할 질문의 일부를 훈이가 대답해버린다. 상대방의 질문을 암기해 말하는 것이다. 그러니 "나이는?" 하고 물으면 "몇 살이야? 여섯 살입니다"라고 대답한다. 이때 엄마가 질문을 확 바꾸어본다.

"좋아하는 음식이 뭐야?"

"여섯 살입니다."

일반적인 아이들은 진정한 의미의 모방이 가능하다. 그러니 기억 속에 언어가 정리되어 쌓인다. 하지만 자폐 아이는 기본적으로 타인에게 관심이 없다. 그래서 말을 그대로 따라 하며 대답한다. 말이 순식간에 지나갈 뿐 정착되지 않는 것이다.

그렇다면 어째서 훈이는 우동가게에서 "아직 먹어!"라는 말을 할 수 있었던 걸까 하고 엄마는 생각했다. 그릇에 남은 2센티미터 정도의 짧은 면을 훈이가 꼭 먹고 싶었기 때문이다. 그것은 마음 깊은 곳에서 터져 나오는 소리였다. 점원에게 아직은 그릇을 치우지 말라고 전달하고 싶은 마음이 있었기에 말로 나온 것이었다.

즉 거꾸로 설명하면, 엄마가 "이건 누구야?" 하고 물어도 훈이가 자신의 마음 깊은 곳에서부터 "엄마"라고 대답하고 싶은 마음이 들지 않는 한, 말은 나오지 않는다. 말과 대화는 비슷해 보이지만 전혀 달랐다.

엄마는 수다를 떨거나 대화를 나눌 수 있기를 희망했지만 자폐 아이들 중에는 그저 앵무새처럼 따라 하는 반향어(남의 말을 따라 하는 것, 자폐증 증세 중 하나)만 느는 아이들도 많다고 한다. 안타깝게도 그것은 의사소통이 아니다. 사람은 의사소통을 통해 인간관계를 발전시킨다. 그러니 부모는 그것을 바란다. 차갑게 들릴지 모르지만 자폐 아이들은 그것이 매우어렵다. 의사소통에 장애가 있는 것이 바로 자폐증이기 때문이다.

의미 없는 의사소통의 반복

자폐증은 평생 낫지 않는 뇌의 장애지만 정신 발달이 전혀 없는 것은 아니다. 치료교육을 해도 자폐증이 낫지는 않지만 사회적으로 성장하는 것은 가능하다. 하지만 굉장한 특별 훈련을 해도 자폐 아이가 일반 아이가 되지는 않는다. 그러니 말 등의 어떤 한 부분을 끄집어내서 훈련을 계속해도 별다른 수가 없다. 엄마는 M의사의 대화를 통해 그러한 사실을 알았다.

만 네 살이 지났지만 훈이는 기저귀를 떼지 못했다. 엄마는 M의사에게 "몇 번을 알려줘도 쉬를 화장실에서 못하네요. 어떻게든 기저귀를 뗐으면 하는데요" 하고 호소했다.

그러자 의사는 타이르듯이 말했다.

"지금 기저귀를 뗀다고 해도 기저귀만 안 찬 아이가 될 뿐입니다."

말에 관한 문제 역시 마찬가지였다.

"말을 할 수 있도록 훈련을 시키고 싶어요."

"아무리 말을 가르쳐도 단순히 단어만 외울 뿐, 그 단어를 써서 의사소통을 하게 되지는 않습니다!"

국립세이이쿠의료센터에서는 치료교육을 시행하지 않았는데 훈이가 여섯 살 때 사회성 훈련이라는 프로그램이 생겼다. 발달장애를 가진 아이들에게 사회적인 기술을 가르치는 훈련이다. 엄마는 당장 이것을 신청하고 싶었다.

M의사는 딱 잘라 말했다.

"순서가 잘못되었어요! 주위에 관심을 갖게 된 후에 대인관계나 집단생활의 기술을 가르치는 겁니다. 훈이는 아직 옷을 갈아입는 것 같은 신변 처리도 전혀 되지 않습니다."

엄마는 그 말이 옳다는 생각이 들었다. 그동안 말을 한다는 표면적인 것에 집착해왔다. 자기 자신에게 말하고 싶은 마음, 누군가와 소통하고 싶은 사회성이 없으면 말은 무의미하다. 영어 단어를 열심히 공부해서 많이 암기해도 외국인과 말하고 싶은 욕구가 없으면 무슨 의미가 있느냐는 말이다.

나중에 훈이는 점점 말이 늘었다. 슈퍼에 가서 사과에 붙은 라벨을 보고 암기했다. 부사, 홍옥, 세계 제일, 조나골드 등. 그러고는 사과의 이름을 몇 번이고 반복해서 중얼거렸다. 하지만 거기에 의사소통의 의미는 없었다. 훈이는 동물원에 가서 동물의 이름은 말하지 않고 사과의 이름만을 계속해서 복창했다. "이 사과 맛있겠다. 나도 먹고 싶어"라고는 말하지 않았다.

엄마는 훈이가 만 세 살 무렵부터 사 년간 치료교육을 받게 했다. 그 정도면 충분히 했다는 생각이 들었다.

일곱

집착, 집착, 그리고 또 집착

처음 한 것들

엄마가 훈이의 강한 집착을 처음 알게 된 것은 훈이가 두 돌 무렵의 일이다. 그때까지 신던 신발이 작아져서 새 신발을 샀다. 물론 한 치수 크고 디자인도 이전의 신발과는 달랐다. 훈이는 새 신발을 신으려고 하지 않았다. 억지로 신기려고 하면 분노발작을 일으키며 날뛰었다.

그래서 엄마는 신발가게에서 완전히 똑같은 디자인의 신발을 샀다. 한 켤레만이 아니라 몇 켤레나 샀다. 5밀리미터씩 치수만 늘린 구두를 말이다. 하지만 성장하면서 모두 신지 못하게 되었다.

엄마는 어쩔 수 없이 비슷한 디자인의 구두를 사서 훈이를 설득했다. 훈이는 납득하지 못하고 발작을 일으켰다. 하지만 아무리 찾아봐도 더 이상 같은 디자인의 신발은 팔지 않았다. 반복적으로 설득하던 어느 날 음식물쓰레기를 버리는 쓰레기통에 낡은 신발이 버려져 있었다. 훈이가 포기하고 스스로 옛날 신발을 버린 것이다.

훈이는 그 구두가 마음에 들었던 것이 아니다. 어느 정도 인지력이 생길 무렵 처음 신은 신발이 그 디자인이었기 때문에 그 신발이 아니면 불안했고 집착하게 된 것이다.

훈이는 세계지도 퍼즐을 잘 맞추었다. 순식간에 퍼즐을 완성해냈다. 그것도 반드시 일정한 순서가 있어서 매번 똑같이 퍼즐 조각을 끼웠다. 어느 날 '카자흐스탄'의 퍼즐 조각이 보이지 않았다. 잃어버린 것이다. 훈이는 울부짖었고 자해를 했다.

이후로 엄마는 퍼즐을 살 때면 반드시 세 세트씩 샀다. 한두 조각을 잃어버려도 보충하기 위해서다.

훈이가 처음 탄 택시는 콘돌이라는 회사의 택시였다. 문에 콘돌의 마크가 붙어 있다. 이후로 훈이는 콘돌택시만 탔다. 집 근처에는 콘돌택시가 적어서 차를 잡는 데 애를 먹었다.

훈이는 전철에서도 처음 앉은 자리에 집착했다. 언제나 같은 자리에만 앉으려고 했다. 아니, 서 있으려는 생각도 없고 무조건 그곳에 앉으려고만 했다. 그래서 그 자리에 누군가 앉아 있으면 밀어내려고 해서 문제가 되곤 했다.

극단적인 편식

식사도 마찬가지다. 훈이는 편식이 심했다. 그 이유 역시 집착과 관련되어 있다. 어린 시절의 훈이는 낫토, 호박, 고구마, 우동, 딤섬밖에 먹지 않았다. 예민한 감각과도 관련이 있었지만 역시나 훈이의 집착이라고 볼 수 있었다. 열일곱 살이 된 지금은 그 정도로 심한 편식은 사라졌지만 어떤 패밀리레스토랑에 가면 반드시 특정한 메뉴만 먹는다.

부모에게 자녀의 편식은 골치 아픈 일이다. 하지만 훈이는 심한 식품 알레르기가 있었기 때문에 위험을 피한다는 의미에서는 다섯 종류만 먹는 것이 다행이기도 했다. 주치의도 억지로 종류를 늘릴 필요는 없다고 조언했기에 엄마는 훈이의 집착을 지켜보았다.

부모회에서 이야기를 들어보니 자폐 아이는 편식이 심해서 365일 내내 특정 회사의 카레라이스만 먹거나 감자튀김만 먹는 아이도 있다고 했다. 훈이는 그나마 나은 편이라는 생각이 들었다.

슈퍼마켓에서

슈퍼마켓에 가면 훈이는 매장의 두부나 낫토에 신경을 썼다. 한 줄로 진열되어 있지 않으면 전부 깔끔하게 정리했다. 가게 주인은 "도와줘서 고마워"라고 말해주었다. 하지만 곤란한 문제도 있었다.

훈이는 장바구니를 높이 쌓아두지 않으면 성이 풀리지 않았다. 산처럼 높이 쌓아 올린 장바구니 위에 계속 쌓아 올리려고 집착했다. 장바구니 더미가 여러 개면 정신이 불안해지는 듯했다. 하나로 만들면서 마음의 안정을 추구하는 것처럼 보였다.

까치발을 들고 팔을 뻗어 장바구니를 높이 쌓아 올렸다. 가게에는 손님이 집기 편하도록 쌓아두는 높이에 대한 매뉴얼이 있는지, 가게 직원이 계속 야단을 쳤다. 그래도 훈이는 멈추지 않았다.

매일같이 슈퍼에 들러 장을 봐야 하는 엄마로서는 곤란했다. 결국 어린이집에서 그랬듯이 장애에 대해 가게에 알리기로 결심했다. 훈이의 가슴에 '사랑의 와펜'을 붙였다. 와펜에 '식품 알레르기'와 '자폐증'이라고 썼다.

점장이 조례를 통해 훈이의 장애에 대해 모든 직원에게 전달한 것인지, 이후로는 훈이가 야단을 맞는 일은 없었다. 또 훈이가 가게 밖으로 뛰쳐나가도 점원이 엄마에게 데려다주고는 했다.

엄마는 이후의 인생에서도 훈이의 장애에 대해 사람들에게 당당하게 말했다. 장애를 숨기는 것은 자신을 속이는 일이며, 훈이의 장애를 부끄럽게 여기는 것이 되어버린다. 엄마는 경험을 통해 장애아에 대한 편견을 가진 사람도 있지만 사람들 대다수는 장애를 받아들여 준다고 느꼈다. 아들의 자폐증을 밝히자 "참 고생이 많으세요. 뭔가 도울 만한 일이 있으면 말씀하세요"라는 이야기를 많이 들었다.

전철 안 분노발작

훈이가 네 살 무렵에 엄마는 이노카시라선을 이용해 무사시노히가시교육센터에 치료교육을 받으러 다녔다. 당시의 이노카시라선은 신규 차량인 1000계와 구형 차량인 3000계가 주행했다. 1000계와 3000계에는 각 역에 정차하는 일반전철과 급행전철이 있었는데, 둘은 한눈에도 알아볼 만큼 형태가 달랐다. 마침 구형 차량에서 신규 차량으로 전환되는 시기였다. 훈이가 처음 탄 전철이 구형 3000계 일반전철이었다.

훈이는 3000계 일반전철에 집착했다. 급행도 타려고 하지 않았고, 1000계는 절대 타지 않았다. 엄마는 훈이의 집착을 이해하기로 마음먹었기 때문에 일찍 집을 나서서 3000계 일반전철이 오기를 기다렸다가 탔다.

그런데 어느 날 아무리 기다려도 3000계 전철이 오지 않았다. 십오 분을 기다려도 오지 않아서 이대로는 치료교육에 늦겠다 싶은 초조한 마음에 역무원에게 물어보았다.

"3000계 전철은 어떻게 된 건가요? 오늘은 아예 오지를 않아서요."

"3000계 차량 한 대가 고장 났어요. 그래서 한 시간에 한 대만 운행 중입니다."

엄마도 더 이상은 참기 힘들었다. 훈이의 팔을 쥐고는 억지로 신형 1000계 전철에 올라탔다. 그러자 훈이의 발작이 폭발했다.

큰 소리를 지르며 전철 안을 뛰어다니고 여기저기 문에 맹렬히 몸을 부딪쳤다. 손을 댈 수 없는 상황이었다. 목적지까지 가려면 앞으로도 17개 역이 남았고 삼십 분이 걸린다. 그 삼십 분 동안 훈이는 소동을 피웠다.

전철이 역에 설 때마다 사람들이 내리면 함께 따라 내렸다. 그리고는 홈까지 달려갔다가 돌아올 때는 옆 차량으로 도망가 돌아오기를 반복했다. 엄마와 훈이가 탄 차량은 정차할 때마다 승객이 줄어들었다. 엄마는 어찌할 바를 모른 채 훈이를 지켜볼 뿐이었다. 그때 성난 목소리가 날아들었다.

"적당히 좀 하시오! 엄마라면 가정교육을 좀 더 제대로 하란 말이오!"

초로의 남성이 눈을 치켜뜨고 있었다.

엄마는 죄스러운 마음과 슬픔으로 고개를 숙였다. 눈물이 맺혔다. 옆에 있던 동년배 여성이 "엄마가 힘이 많이 드시겠어요" 하고 상냥하게 말해준 덕에 그나마 엄마는 구원받은 기분이었다.

그날 밤 훈이는 피곤한 탓인지 일찍 잠이 들었다. 팔에는 이빨로 깨문 자국이 선명하게 남아 있었다. 아들 훈이의 잠든 얼굴을 본 엄마는 자책에 사로잡혔다. 화장실 핸드 드라이어의 치료교육을 통해 자신은 무엇을 배웠던가. I의사에게서 '부모와 함께라면 안심할 수 있다는 것을 체험하게 하라'는 이야기를 들었던 터였다. 불안으로 인해 자해 행위로 치달은 팔의 이빨 자국이 자신에게 항의하고 있는 듯했다. 엄마는 마음속으로 몇 번이고 훈이에게 용서를 구했다.

예정에 없던 일

비슷한 무렵 훈이의 예방접종 일정이 있었다. 엄마는 미리 주사에 대해 이야기해야 할지 가만히 데려가야 할지 고민했다. 주사를 맞으러 간다고 하면 그 시점에서 이미 공포를 느낄 수도 있었다. 의사가 청진기를 댄 후에 재빨리 주사를 놓는 것이 낫지 않을까 해서 주사 이야기를 하지 않고 클리닉으로 향했다.

의사가 훈이의 청진을 끝내고 팔을 잡은 후에 주사를 놓았다. 훈이는 예정에 없는 일을 갑자기 당한 탓에 발작을 일으켰다. 진찰실에서 대기실로 뛰쳐나가 난리를 피웠다. 유리창과 현관문에 세차게 머리 박는 행동을 반복했다. 잠시 동안 흥분 상태가 진정되지 않았다.

훈이가 자폐증이라는 이야기를 듣고 의사는 어이가 없다는 듯이 엄마에게 말했다.

"어머님, 자폐증이라면 미리 본인에게 설명하지 않으면 안 됩니다. 예정된 것 외의 일이 일어나면 불안과 발작을 일으킨다는 사실은 어머님도 잘 아시잖아요. 앞으로는 훈이에게 잘 이야기한 후에 오세요."

이를 계기로 엄마는 예방접종이 있을 때는 달력에 표시하고 매일 훈이에게 설명했다. 그날을 꼽아보며 훈이를 납득시켰다. 그 후로 훈이는 예방접종 주사를 맞아도 순간적으로 울 뿐, 두 번 다시 발작을 일으키지 않았다.

설득의 결실

이노카시라선의 전철 안에서 발작을 일으킨 지도 이 년이 지났다. 그동안 엄마는 반드시 구형 3000계 일반전철을 탔다. 하지만 구형 차량이 사라지는 것은 시간문제였다. 그래서 역무원에게 물어보았다.

"이 3000계 전철은 언제까지 운행하나요?"

"앞으로 한 달요. 3000계 전철은 3월까지만 운행하고 완전히 폐지됩니다."

엄마는 준비가 필요하다고 생각했다. 매일 둘이서 입장권을 산 후에 홈으로 올라가 "3000계 전철은 3월 말에 없어진대. 4월부터는 1000계 전철에 타는 거다" 하고 설득을 되풀이했다.

집에서는 1000계의 일반전철과 급행전철 사진을 반복적으로 보여주며 1000계 전철에 타야 한다고 설득했다. 훈이는 잠자코 엄마의 말을 듣기만 했다.

그리고 드디어 4월이 되었다. 치료교육에 가는 날, 엄마는 훈이의 손을 끌고 홈에 섰다. 1000계 전철이 들어왔다. 훈이의 얼굴이 굳어졌다.

긴장한 채로 전철에 탔지만 발작을 일으키지는 않았다.

한 달여에 걸친 설득이 결실을 맺은 것이리라. 하지만 엄마는 실은 더 중요한 것이 있었다고 느꼈다. 엄마는 아들과 함께 이 년 동안 3000계 일반전철을 계속 탔던 것이다. 찌는 듯이 더운 여름날도 찬 바람이 에워싸는 추운 겨울날도 엄마와 아들은 홈에서 3000계 전철을 기다렸다. 그렇게 부모와 함께라면 안심해도 된다는 것을 훈이에게 지속적으로 이해시켰다. 그런 부단한 노력이 있은 후에 한 달여의 설득을 한 것이다. 결국 훈이는 집착에서 벗어나 가장 싫어하는 '변화'에 대응할 수 있게 되었다.

훈이는 빠르게 성장하는 아이가 아니다.

하지만 오랜 시간을 들이면 조금씩 변화하고 성장할 수 있는 아이다.

여덟

초등학생이 되다

엄마의 결정

훈이의 초등학교 입학이 다가왔다. 엄마는 무사시노히가시초등학교에 입학했으면 하고 꿈꾸었다. 취학을 앞둔 자폐 아이가 무사시노히가시초등학교에 배정받는 것은 이른바 명문대로 진학하는 지름길 같은 것이며 보호자들의 꿈이기도 했다. 훈이는 11월에 시험을 치르고 다음 날 바로 불합격 통지를 받았다. 엄마는 실컷 운 다음 마음을 다잡고 지역의 특별지원학교 초등부에 전화한 후 견학을 가기로 했다.

세이초특별지원학교 구가야마분교가 그 학교다. 엄마가 학창 시절에 양호학교(일본은 2007년 특수학교 명칭이 '특별지원학교'로 변경되었다. 이전에는 지체장애·지적장애·건강장애 아동을 위한 특수학교를 '양호학교'로 불렀다) 교원 자격을 취득하기 위해 실습한 곳이기도 했다. 당시에는 이 학교에 대해 그다지 밝은 인상을 갖고 있지 않았다. 하지만 시간이 흘러 견학해보니 교실은 밝았고 분위기도 좋았다. 엄마는 훈이를 이곳에 보내기로 결정했다.

장애 아이는 보통 취학 시 건강검진(일본은 초등학교 취학 전에 신체질환이나 지적 발달의 정도를 검사하기 위해 건강진단을 실시. 결과에 따라 일반 학급에 취학하거나 특별지원교육 대상자가 된다)을 받고 일반 학급 또는 특별지원학급으로 갈지, 특별지원학교로 갈지에 대한 조언을 받는다. 하지만 엄마는 훈이를 일반 학급에 보낼 생각은 전혀 없었다. 지적장애도 갖고 있는 훈이가 일반 학급에 가면 분명 문제아 취급을 당할 것이다. 그것이 훈이에게 상처를 주고 심한 스트레스가 될 것이라고 생각했다. 엄마는 훈이가 자신감을 잃을 만한 상황으로 밀어 넣고 싶지 않았다. 엄마의 뇌리에는 철창 너머의 소년에 대한 잔상이 아직도 선명히 남아 있었다. 그런 이유로 취학 시 건강검진에 결석했다.

4월이 가까워지자 지역의 초등학교에서 집으로 전화가 왔다. "취학 시 건강검진을 받지 않았는데, 초등학교는 어떻게 하실 생각이신가요?"라는 문의를 받았다. 엄마는 훈이가 특별지원학교에 입학할 것이라고 설명했다. 도립우메가오카병원에서 치료교육을 받아온 장애 아이들도 이 학교로 입학을 결정했다. 그렇게 훈이는 초등학생이 되었다.

갑자기 우등생

4월 1일(한국은 3월 개학, 일본은 4월 개학한다)을 기점으로 훈이의 생활은 급격히 달라졌다. 어린이집에 다닐 때 훈이는 '○○를 해야 하는데도 못하는 아이', '○○를 하면 안 되는데도 해버리는 아이'였다. 하지만 특별지원학교에는 훈이보다 장애가 심한 아이들이 가득했다. 따라서 훈이는 갑자기 우등생이 되었다.

만 여섯 살인 훈이는 기저귀는 뗐지만 손을 씻거나 옷을 갈아입는 등의 신변 처리를 스스로 하는 힘이 아직 부족했다. 하지만 특별지원학교에서는 그런 것쯤은 당연했다.

식사할 때 숟가락을 사용할 수 있게 된 훈이는 그것만으로도 담임에게서 "굉장하구나!"라며 칭찬을 들었다. 화장실에서 소변을 보기만 해도 "잘했어요!" 하고 박수를 쳐주었다. 우산을 펼치기만 해도 "그런 것도 할 수 있구나!"라며 감탄해주었다.

그런 환경에서 훈이도 자신감이 생겼는지 학교에 가기 싫어하는 모습을 보인 적은 없었다. 스쿨버스로 한 시간이 걸리는 거리를 매일 즐겁게 통학했다.

엄마의 마음도 금세 편안해졌다. 지금껏 어린이집 교실 내에서는 훈이만 홀로 고립되어 있었다. 실시간 카메라로 훈이 모습을 지켜보며 침울해하고, 부모 참관일에는 단체행동을 하지 못하는 아들 훈이를 보며 마음이 가라앉았었다. 다른 일반 아이들과 비교하며 점점 우울해지는 마음을 어찌하지 못했다.

하지만 특별지원학교에는 건강한 일반 아이들은 없었다. 비교할 필요가 없어진 것이다. 아니, 조금 더 정확히 말하면 훈이보다 더 단체행동이 안 되는 아이들도 있다는 것을 알았다. 어쨌거나 매일이 치료교육과 같은 나날이고 주위의 아이들은 모두 친구였다. 환경이 다르면 자신도 훈이도 이렇게 편해질 수 있구나 싶어서 엄마는 특별지원학교를 고르길 잘했다고 진심으로 생각했다.

'그건 그렇고, 그 엄마는 지금쯤 ……' 하는 생각이 들었다.

치료교육을 함께 받던 한 엄마의 아이는 심한 지적장애를 가진 자폐아였다. 그것에 대해서는 그 엄마도 받아들이고 있었을 것이다. 치료교육을 받고 있었으니 말이다. 하지만 그 엄마는 아이를 일반 학급에 보내는 데 집착했다. 어째서 그토록 완고한지 이유는 알 수 없었다. 특별지원학급이나 특별지원학교에 자식을 보내는 것은 자존심이 허락지 않았던 것인지, 아니면 다른 이유로 일반 학급에서 일반 아이들에게 자극을 더 받으면 자폐증이 좋아질 것이라고 생각한 것인지 모르겠다.

어찌 되었든 그 엄마는 거짓말을 하고 취학 시 건강검진에 결석했다. 그 결과 아이는 4월부터 일반 학교의 일반 학급에 다니게 되었다. 하지만 그것은 역시 어려운 일이었다. 그 아이는 입학식에서 이상한 소리를 내며 식장을 뛰어다녔다. 놀란 학교 측에서 엄마에게 분명히 말했다고 한다.

"어머님, 내일부터 매일 아드님과 함께 학교에 오셔야 합니다. 그것이 입학 조건입니다."

그 이야기를 들은 이후로 엄마는 그 엄마와 연락한 적이 없다. 그런 학교생활은 부모에게도 아이에게도 큰 스트레스가 되지 않을까 걱정되었다.

나비 모양 매듭짓기

특별지원학교에는 한 반에 여섯 명의 학생이 있다. 가장 큰 특징은 개별지도계획, 개별교육지원계획(한국 특수교육 '개별화교육계획(IEP)'에 해당한다)이 작성된다는 점이다. 즉 개별 지도가 이루어진다. 보통의 공부도 실시하지만 생활 면이나 사회 면에서 자립하기 위한 지원도 한다. 치료교육을 학교에서 해주는 것이라고 보면 된다.

급식도 완전히 개별 대응이었다. 식품 알레르기가 있는 훈이에게도 단순히 메뉴에서 유제품을 빼는 식의 식단이 아니라 다른 아이들과 전혀 다른 요리가 제공되었다. 완전한 개별 대응이라고 할 수 있다.

훈이는 생활 면에서 인사하기, 급식 흘리지 않고 먹기, 오랜 시간 앉아 있기 등이 아직 되지 않았다. 담임 교사는 지원 목표를 명확히 내걸고 일대일로 지도해주었다.

엄마는 담임에게 두 가지를 부탁했다. 하나는 시계를 보는 법을 알려달라는 것이었다. 훈이는 숫자에 관심이 많지만 간단한 계산도 할 줄을 몰랐다. 시계를 볼 줄도 몰랐다. 또 하나는 나비 모양으로 매듭을 지을 수 있게 해달라는 것이었다. 훈이는 그림 그리기나 만들기처럼 손을 써서 무언가를 하는 데 그리 능숙하지 않았다. 나비 모양으로 매듭을 짓는 것은 어른이 된 후에도 분명 도움이 될 것이고 시계를 보는 법 역시 그랬다.

담임은 이 년에 걸쳐 훈이에게 시계를 보는 법과 나비 모양의 매듭을 짓는 방법을 가르쳤다. 나비 모양 매듭짓기는 구멍이 여러 개 뚫린 아크릴판을 준비해 거기에 끈을 넣고 묶는 법을 지도했다. 완전히 맞춤형 수업이었다.

보호자 면담에서는 개별지도계획, 개별교육지원계획을 담임 교사가 가지고 와서 어디까지 달성했는지 설명해준다. 달성하지 못한 것이 있으면 엄마가 혼나는 것이 아니라 오히려 담임 교사가 사과했다.

통지표는 좋은 의미에서 대략적으로 작성되었다. 다른 아이들에 비해 우수한 점이나 부족한 점에 대한 상대평가는 없었다. 즉 다른 누구와도 비교하지 않았다. 훈이가 해낸 것을 긍정하는 표시로 동그라미 두 개가 그려져 있었다.

특별지원학교에 입학하고 이 년이 지났을 무렵 훈이는 시계를 볼 수 있게 되었다. 끈으로 나비 모양의 매듭을 지을 수도 있었다.

사랑을 주지 못하는 사람

특별지원학교는 엄마로서는 정말로 마음이 편한 곳이었지만 이 시기에 학교 밖에서는 잊지 못할 나쁜 일을 겪었다.

엄마와 아들 훈이가 함께 다니는 성당의 안쪽에는 커다란 유리창이 달린 작은 방이 있었다. 그 방은 영유아를 데리고 온 부모들이 기도하기 위해 이용하는 유아용 방이었다. 즉 아이의 울음소리가 나도 괜찮은 방이었다.

훈이는 가만히 있지 못하는 아이라서 어릴 때부터 이 유아실을 이용했다. 그러던 것이 패턴이 되어 성당에 가면 꼭 유아실에 들러 미사 기도를 하게 되었다.

초등학교 1학년 때 어느 날이었다. 평소처럼 그날도 훈이와 엄마는 유아실에서 기도하고 있었다. 방에는 스피커를 통해 신부의 목소리가 들려왔다.

그런데 그곳에 세 살쯤 되어 보이는 아이와 아빠가 들어왔다. 아이는 어린데도 차분히 앉아 있는 모습이 어른스러웠다. 굳이 유아실에 오지 않아도 될 만큼 얌전한 아이구나 싶었다. 그런 와중에 훈이가 점차 가만히 있지 못하고 이상한 소리를 내며 방 안을 뛰어다녔다. 엄마는 유아실에서는 그것이 허용된다고 생각했다.

하지만 옆에 있던 아이의 아빠가 화난 목소리로 소리쳤다.

"왜 혼을 안 냅니까? 어째서 철저하게 훈육하지 않는 거예요?"

엄마는 파래진 얼굴로 머뭇거리며 대답했다.

"우리 애는 자폐아예요. 장애가 있어서 가만히 있지 못합니다."

그 아빠는 그래도 화를 냈다.

"그래서 뭐요! 장애 핑계 대지 마시고 가정교육 똑바로 하세요!"

엄마는 자기도 모르게 눈물을 글썽이며 훈이의 손을 끌고 미사 중간에 집으로 돌아왔다. 집에 돌아오자 처참한 마음에 눈물이 터져 나왔고 훈이를 때릴 뻔했다.

그리고 그리스도교에 대한 신앙은 변함이 없었지만 가톨릭교도 중에도 이웃에게 사랑을 주지 못하는 사람이 있다는 것을 통감했다.

수영교실에 가다

천식을 앓던 훈이에게 엄마는 수영을 가르치고자 했다. 체력 향상에도 도움이 될 터였다. 하지만 놀이수영이 아니었다. 이왕이면 코치에게 정식으로 지도를 받으면서 일반 아이들과 섞여 배우다 보면 자극을 받아서 제대로 된 수영 실력을 갖추기를 바랐다.

그래서 우선 선수 육성으로 명성이 높은 S수영교실을 찾았다. 일단은 체험수업을 받기로 했다. 엄마는 훈이에게 일러주었다.

"코치 선생님이 하는 말씀을 잘 듣고 조용히 있는 거야. 멋대로 움직이면 안 돼요."

엄마는 이층의 관람석에서 수영장의 상황을 지켜보기로 했다. 평소에는 과잉행동을 하는 훈이도 엄마와의 약속을 지키며 코치의 지시에 따라 얌전하게 행동하고 있었다. 제 나름대로 애쓰고 있다는 것이 관람석에서 지켜보는 엄마에게도 느껴졌다. 하지만 다른 일반 학생들처럼 수영장 옆에서 가만히 차례를 기다리는 일이 점차 어려워지는 듯했다. 훈이는 꼼지락꼼지락 몸을 움직이기 시작했다.

'아, 이것도 못하게 될지 모르겠어.'

엄마는 초조해졌다.

물속에 있는 훈이의 팔을 코치가 움켜쥐고 끌어 올렸다. 코치는 그대로 젖은 훈이의 팔을 끌고 2층에 있는 엄마에게 데려왔다. 서른 살쯤 되어 보이는 예리한 얼굴의 코치가 차가운 목소리로 말했다.

"이렇게 수준 낮은 애를 데리고 무슨 생각을 하시는 겁니까! 이런 애가 여기서 수영을 배울 수 있다고 보세요? 회원 가입은 거절하겠습니다!"

엄마는 사태를 파악하지 못하고 멀뚱히 서 있는 훈이를 와락 끌어안았다.

"너무 잘했어. 대단했어. 이제 집에 가자. 가는 길에 과자 사서 집에 가서 먹자."

훈이의 옷을 갈아입히고 건물을 나서자 앞이 보이지 않을 만큼 눈물이 쏟아졌다. 엄마는 마음속으로 훈이에게 빌었다.

'미안하다. 이렇게 낳아서 미안해. 다른 아이들이 체험하면 꼭 회원으로 가입해달라며 대환영을 하는데 장애가 있어서 이런 꼴을 당하는구나.'

엄마는 그래도 훈이에게 수영을 가르치고 싶었다. 자폐증이 있다는 사실을 미리 전달하면 그것만으로도 회원 가입을 거절당할 것이 분명했다. 일단은 체험수업에 데리고 가서 있는 훈이를 있는 그대로 보여주고 판단하게 하는 수밖에 없다고 생각했다.

그래서 K수영교실에 갔다. 하지만 거기서도 거절당했다.

"받아들이고 싶은 마음은 간절하지만, 정말 죄송합니다. 다른 학생들에게 피해가 가니 가입을 받을 수가 없습니다."

마지막으로 T스포츠센터를 찾았지만 결과는 역시나 다르지 않았다.

"아드님은 가만히 있기가 힘들지 않나요? 저희는 전문 코치와 직원의 수가 한정되어 있어요. 안타깝지만 가입은 힘들겠습니다."

그래도 배려 있는 거절이었다. 훈이의 안전을 배려한 말을 해주었지, 기업의 논리로 거절하지는 않았다. 게다가 사정을 잘 이해해 일요일에 있는 장애아 수영을 추천해주었다.

엄마는 일반 아이들과 함께 수영하는 것에 집착한 자신이 잘못되었음을 깨달았다. 그런 엄마 때문에 먼 걸음을 하고 훈이와 엄마 모두 상처를 입었다. 장애아 수영이 있는 줄을 알았다면 처음부터 자폐증이라는 사실을 말하고 장애아반에서 수영을 배우면 될 일이었다.

이후 매주 일요일이면 엄마와 훈이는 T스포츠센터를 찾았다.

코치는 자폐 아이를 이해해주었다. 수영장 주변을 뛰어다녀도 멋대로 행동해도 훈이를 지켜봐 주었다. 그리고 조금씩 수영 기술을 가르쳐주었다. 코치는 엄마에게 수영에 관한 것뿐만 아니라 훈이의 집착에도 어떤 식으로 대응할지 상의하며 조언을 아끼지 않았다.

하지만 훈이의 집착은 만만치 않았다. 훈이가 처음 들어간 풀은 6코스였다. 이후로 훈이는 6코스에 집착하며 다른 코스에서는 절대로 헤엄치려고 하지 않았다. 하지만 수영교실의 수강생은 훈이만 있는 것이 아니다. 어쩔 수 없이 다른 아이들과 겹치는 문제가 생겼다. 최대한 배려해주었지만, 어느 날 코치가 훈이를 다른 코스에서 수영하게 했다.

훈이는 발작을 일으켰다. 큰 소리를 지르며 물 주변을 이리저리 뛰어다녔다. 그리고 줄지어 세워져 있던 벤치를 차례대로 물속으로 집어 던졌다. 수영복을 벗어버리고 알몸이 된 채로 샤워실로 뛰어들었다. 거기서 누르면 거품이 나오는 타입의 비누를 눌러서 모두 바닥에 쏟아버렸다. 그런 후에야 겨우 진정을 되찾았다.

그런데도 코치는 훈이를 야단치지 않았다. 코치는 엄마에게 차분히 분석해서 설명해주었다.

"훈이는 벤치를 물속으로 집어 던지고는 큰 잘못을 했다고 제 나름대로는 반성한 겁니다. 그래서 그 사태를 없던 일로 만들고 싶은 마음에 비누로 씻어내려고 한 거지요. 저는 그렇게 생각합니다."

그렇구나, 그렇게 해석할 수도 있구나 싶어서 엄마는 감탄했다. 어쨌든 엄마로서는 T스포츠센터의 깊은 이해에 감사할 따름이었다.

그 후 훈이는 6코스에 대한 집착을 버렸다. 하지만 맨 처음 손에 쥔 비트판이 녹색이었던 탓에 녹색 비트판의 집착은 버리지 않았다. 코치는 그것을 용인해서 언제나 훈이에게 녹색 비트판을 주었다.

훈이는 점차 영법을 마스터했고 결국 네 종류의 영법을 모두 익혔다. T스포츠센터와의 인연은 십 년이나 계속된다. 결국 십 년 후에는 그만두게 되는데 이에 대해서는 뒤에서 더 설명하기로 하자.

아
홉

전학 가다

일반 학교로 전학 가다

초등학교 2학년 7월, 특별지원학교에 도쿄도의 지도주사(한국의 '장학사'에 해당한다)가 순회를 오게 되었다. 이때 훈이는 의자에 앉아 한자를 쓰고 있었다. 훈이는 한자를 잘 외웠고 강한 필압이 느껴지는 글씨로 정성껏 글자를 썼다. 일단 쓰기 시작하면 훈이는 집중을 잘하는 편이다. 지도주사가 본 것은 노트에 가득히 한자를 쓰는 데 열중한 훈이의 모습이었다.

지도주사는 "이 아이에게는 이 학교가 적합한 교육 환경이 아닙니다. 초등학교 3학년부터는 지원학급이 있는 일반 학교로 전학을 시키세요" 하고 지시했다.

엄마는 지도주사가 잘못 본 것이라고 생각했다. 우연히 그 순간에 한자 쓰기에 열중하고 있었지만, 평소의 훈이는 차분함과 거리가 멀었다. 특별지원학교의 교육에 만족하던 엄마는 학교에 6학년까지 다니게 해달라고 부탁했다.

하지만 학교는 받아들여 주지 않았다.

"도에서 내려온 지시라 따르지 않을 수 없습니다. 전학을 생각해봐 주세요."

엄마는 어쩔 수 없이 구내의 공립초등학교 중에서 지원학급이 있는 곳을 알아보기 시작했다. 집에서 가장 가까운 초등학교에는 지원학급이 없었다. 조금 먼 거리에는 전교생이 500명 정도, 지원학급 인원이 30명인 학교가 있었다. 또 비교적 가까운 곳에 전교생이 100명 정도이고 지원학급 인원이 8명인 학교가 있다는 것을 알고 둘 다 견학을 가보았다.

특별지원학교의 담임 교사는 "훈이는 소규모 학교가 훨씬 잘 맞습니다. 인원이 적은 편이 개별적으로 봐줄 수 있으니 여기로 정하면 어떨까요?" 하고 조언해주었다.

이리하여 특별지원학교에 미련이 남은 채로 3학년이 되는 4월부터는 새로운 초등학교로 전학을 가게 되었다. 집에서 걸어서 십 분 정도의 거리였다.

다짐받는 학교

전학을 가기에 앞서 학교 측에서 호출이 있었다. 교장실에 들어서자 교육위원회 2명, 교장, 교감, 지원학급 담임, 영양사까지 합해서 6명이 기다리고 있었다. 교장이 입을 열었다.

"어머님, 착각하시면 안 될 것 같아 말씀드립니다. 특별지원학교와 지원학급은 입장이 다릅니다. 특별지원학교는 개별 지도가 중심이지만 여기는 기본적으로 단체교육입니다. 그리고 아드님은 식품 알레르기가 있다고 들었는데, 특별히 다른 급식은 준비할 수 없습니다. 가령 과일 요구르트가 나오는 날에 요구르트를 끼었지 않는 정도의 배려는 할 수 있지만, 못 먹는 것이 있을 때는 집에서 다른 음식을 가져와야 합니다."

어째서 이렇게까지 날선 말을 들어야 하는지 엄마는 조금 서글펐다. 하지만 4월부터 훈이가 지원학급에 다니게 되면서 엄마는 여러 가지를 알게 되었다.

처음에 훈이가 다닐 지원학급의 인원은 8명이라고 알았지만 결국 모여보니 14명이나 되었다. 한 반의 정원은 8명이니 두 반이다. 그중에는 생각보다 훨씬 장애가 심한 아이도 있었다.

한 학생은 기저귀를 차고 있었다. 엄마는 놀랐다.

'이렇게 장애가 심한 아이가 지원학급에 있구나. 특별지원학교에 다녀도 중도중복장애반에 있어야 할 정도인데 ······.'

하지만 지원학급에서는 기저귀를 뗄 수 있도록 하는 생활 면의 훈련은 하지 않았다. 교사가 특별지원학교에 비해 많지 않고 목표로 하는 바도 달랐기 때문이다.

'이 아이의 부모는 어째서 특별지원학교를 선택하지 않았을까? 만약 그곳을 선택했으면 배변 훈련을 해줬을 텐데' 싶어 엄마는 의아했다. 그리고 일반 학급에 집착한 장애아의 엄마를 떠올렸다.

게다가 지원학급에는 일반 학교에서 대응하기 어려운 경계선의 발달장애아도 있었다. 이런 아이들은 지적장애가 없어서 공부를 할 수 있다. 그래서 국어와 산수 수업도 보통으로 이루어졌다. 즉 공부를 할 수 있는 아이와 그러지 못하는 아이의 폭이 특별지원학교보다도 넓었던 것이다.

엄마는 심한 장애를 가진 아이의 부모가 학교에 특별한 배려를 요구하기도 한다는 사실을 알게 되었다. 그래서 훈이가 지원학급에 들어가기 전에 교장이 못을 박았던 것이다. 그리고 교사가 장애가 심한 아이에게 시간을 많이 빼앗기면 다른 가벼운 장애의 아이 부모로부터 어째서 저렇게 심한 장애를 가진 아이가 이 반에 있는 거냐며 항의가 들어오기도 한다는 사실을 엄마는 수업 참관을 하면서 알게 되었다.

훈이는 매일 싫은 내색 없이 지원학급에 등교했다. 학교가 좋았기 때문인지 어째서인지는 알 수 없다. 엄마가 "학교는 쉬고 디즈니랜드에 가자"고 해도 응하지 않았다. 훈이에게 디즈니랜드는 일요일에 가는 곳이었기 때문이다.

특별지원학교에서 훈이는 우등생이었고 담임에게서 칭찬을 많이 받았다. 하지만 지원학급에서는 중간 수준의 아이였다.

일반 아이와 장애 아이

지원학급이 병설된 초등학교에는 학부모로부터 불만이 나오기도 한다. '장애 아이들과 함께 있으면 좋지 않은 영향을 받는다'는 비난이다. 하지만 그런 의견이 절대 크지는 않았다. 다만 어른과 아이를 비교하면 어른이 더 편견이 심한 것은 분명하다. 어른과 달리 아이들은 조금 다른 논리와 윤리로 살아간다.

훈이가 다니는 초등학교는 일반 학급과 지원학급 사이에 교류가 종종 있다. 쉬는 시간이 되면 일반 아이들이 지원학급에 놀러 온다. 초등학교 3학년 정도부터 장애 아이를 보면서 자라면 일반 아이들은 자연스레 편견을 갖지 않게 된다.

양호학교를 의무화하는 법률이 생긴 것은 1979년의 일이다. 그때까지는 장애 아이도 일반 아이도 같은 학교에 다녔다. 그래서 내가 초등학생일 때 반에 지적장애아가 있었다. 초등학교 1학년부터 쭉 다 함께 친구였으므로 그 아이가 따돌림을 당하는 것을 본 적이 없다. 하지만 법률로 장애 아이와 일반 아이가 분리되면서 장애 아이의 모습은 보기 힘들어졌다. 그것이 차별의 온상이 되었다. 그래서 현재 지원학급과 일반 학급 사이의 교류는 공생하는 사회를 만들어가는 데 매우 중요하다고 볼 수 있다.

훈이의 입장에서 봤을 때 일반 아이들과의 교류에 의의가 있었다고 말하기엔 매우 미묘하다. 자폐 아이는 타인에게 관심이 없기 때문이다. 반면에 반대 측에서 보자면 일반 아이가 자폐가 있는 훈이와 교류한 것은 틀림없이 그 아이들의 인생에 큰 의미를 가질 것이다.

하지만 아이들은 어떤 의미에서 잔인하리만큼 정직하다. 엄마는 운동회에서 그것을 느꼈다.

훈이가 다니는 초등학교에서는 일반 아이와 장애 아이가 함께 계주를 했다. 둘이 교류하며 계주를 성공시키는 것이 학교의 방침이었다. 엄마는 이것이 우울했다. 훈이는 슈퍼마켓에서는 도망치는 토끼처럼 가게를 탈주하지만 계주에서 남들과 경쟁한다는 개념이 없었다. 그래서 계주에 참가해도 전력으로 달리지 않았다. 오히려 내키지 않는 양 느리게 뛰었다.

엄마는 훈이의 그런 모습을 보는 것이 싫었기 때문에 개인 종목에만 참가하도록 해달라고 학교 측에 몇 번을 부탁했다. 하지만 받아들여지지 않았다.

어떤 해의 운동회 계주에서 엄마는 출발선 가까이에서 카메라를 들고 대기했다. 훈이의 순서가 가까워지고 있었다. 그러자 그때 일반 학급의 아이가 이렇게 말했다.

"칫, 저 자식이 들어왔잖아. 우리는 이제 다 졌어."

평소에 교류해도 일 년에 한 번뿐인 대승부가 걸린 운동회에서 아이들은 정색하게 되고 진심이 나온다는 사실을 엄마는 새삼 느꼈다. 엄마는 "미안해, 우리 애 때문에 성적이 안 나와서" 하고 사과했지만 분위기는 어색해졌다.

하지만 최종적으로 엄마로서는 만족한 점도 있었다. 훈이가 초등학교의 졸업을 앞둔 사은회 자리에서 일반 학급의 아이들이 훈이의 손을 끌며 여러 사람들에게 소개하고 있었다. 노래를 부르게 되자 훈이를 한가운데로 데리고 와서 일반 학급의 아이가 마이크를 쥐여주며 노래를 권하기도 했다. 일반 아이들에게 훈이는 학교 친구였던 것이다.

하지만 지원학급이 병설되어 있지 않은 학교 아이들은 그렇지 않았다.

따돌림

초등학교 고학년이 된 훈이가 학교에서 돌아오더니 "재수 짱, 재수 짱"이라고 했다. 엄마는 훈이가 무슨 말을 하고 싶은 것인지 몰라서 그대로 두었다.

몇 달이 지난 후 집에서 가장 가까운 초등학교로부터 전화가 걸려왔다. 교감이었다.

"사죄드릴 일이 있는데 학교까지 와주실 수 있으실까요?"

교감의 사정을 들어보니 아침 등굣길에 그 초등학교 학생들이 훈이를 찌르거나 욕하곤 한 모양이다. "재수 짱"이라는 것은 그때 들은 말이었다. 그 모습을 보다 못한 이웃 주민이 학교에 전화했다고 한다. 엄마는 학교로 향했다.

"아드님이 안 좋은 일을 겪게 해서 죄송합니다" 하고 교감은 사죄했다. 엄마는 한마디 해주고 싶었다.

"역시 학교에 지원학급이 없으면 다른 아이를 이해하지 못하는군요. 다운증후군이나 지체 장애인 경우에는 보기만 해도 장애가 있다는 걸 아니까 괴롭히면 안 된다고 생각할지 모릅니다. 하지만 우리 애는 자폐증이니 겉으로는 장애가 드러나지 않아요. 이상한 녀석이라고 생각하겠

119

지요. 아들이 다니는 초등학교에서는 일반 아이들과 매일 교류하고 있어서 그런 일은 없습니다. 지적으로 느린 아이를 도와주려는 의식을 갖고 있으니까요."

교감은 미안해하며 말했다.

"그러네요. 다음에 아드님을 데리고 저희 학교에 놀러 오세요. 친구를 만들어줍시다."

그 말에 엄마는 화가 치밀었다. 자폐증에 대해 아무것도 모른다는 생각이 들었다. 하지 않으려고 했지만 결국 말이 튀어나왔다.

"여기 학생들이야 자폐 아이와 만나는 게 좋은 체험이 되겠지요. 하지만 우리 애는 자폐증입니다. 굳이 이웃 학교까지 가서 다른 사람을 만나려고 생각하지 않아요. 그게 스트레스거든요. 지금 다니는 학교에서 만족하고 있으니 여기까지 와서 친구를 만들 생각은 없습니다. 그러니 들를 일은 없겠네요."

돌아오면서 엄마는 속상한 마음을 참을 길이 없었다. 훈이가 괴롭힘을 당하고 있다는 사실을 눈치채지 못한 자신에게 화가 났다. 언젠가 훈이와 함께 길을 걷고 있을 때 다른 학교의 초등학생이 "이상한 자식이 또 왔어!" 하고 손가락으로 가리킨 적이 있었다. 그때는 필요 이상으로 아이들을 꾸짖었다. 물론 감정적으로 격해진 부분도 있지만 그 아이들에게 '저 애 엄마는 무섭다'는 인상을 심어주어야 한다고 생각했던 것이다. 지금 생각해보면 그 초등학생들도 지금 이 학교 아이들이었다. 장애 아이를 보지 못한 채 자라는 아이는 어른이 되어서도 장애인과 공생하지 못할 것이라는 생각이 들었다.

아이러니하게도 훈이는 '재수 짱'이라는 말의 의미를 모르고 있었다. '재수 짱'을 사람 이름쯤으로 생각하고 있다. 그래서 집에서도 "재수 짱이 없어"라고 했다. 엄마는 그런 훈이가 안타까웠다. 한편으로는 괴롭힘을 당하고 있다는 사실을 몰라서 다행이다 싶기도 했다. 뭔지 모르게 복잡한 심경이었다.

시간이 흘러 훈이의 초등학교 생활도 끝이 났다. 일반 아이와 일상을 함께함으로써 좋은 일을 체험했고 나쁜 일도 경험했다. 장애 아이를 알지 못하는 일반 아이들은 편견을 갖고 있으며 그로 인해 따돌림 문제로 이어진다는 사실도 알았다.

지금 돌이켜보면 훈이의 분노발작이 심했던 시기는 만 여덟 살 정도까지였다. 지금도 발작을 일으키기는 하지만 상당히 차분해진 편이다. 육아가 괴롭게만 느껴지던 시기는 지나가고 있었다.

열

드디어 중학생이 되다

열등생이 되다

훈이가 6학년이던 해 10월에 구에서 집으로 전화가 걸려왔다. 취학 상담을 해야 하니 꼭 참석하라고 했다. 훈이가 일반 중학교에 가는 건 있을 수 없었다. 중등 특별지원학교와 지원학급 중에서 선택해야 했다. 훈이에게 지능검사와 행동 관찰이 진행되었다. 11월에 다시 전화가 왔는데 지원학급에 가라는 통지를 받았다.

구체적으로 어느 중학교에 가는지는 지시가 없었기 때문에, 엄마는 몇몇 중학교의 지원학급을 견학했다. 가서 보니 학교별로 장애의 정도에 차이가 있다는 것을 알 수 있었다. 다음 해 3월에 드디어 학교가 지정되었다. 엄마가 아는 한 중도 장애아가 적은 학교였다.

드디어 4월부터 훈이는 걸어서 이십오 분 거리에 있는 중학교에 다니게 되었다. 입학하고 얼마 되지 않아 엄마는 학생들의 수준이 지금까지와는 다르다는 사실을 깨달았다. 학급 아이들 중 절반 이상이 초등학교 6년을 일반 학급에서 보냈고, 일반 학급에서 따라가기 힘들어지자 지원학급을 선택한 것이었다. 훈이와는 배워온 것들이 완전히 달랐다. 그 결과 수업의 수준이 갑자기 높아졌고 훈이는 열등생이 되어버렸다.

지원학급의 학생은 1학년부터 3학년까지 전부 28명이었다. 이 28명은 학력 차이가 컸다. 학년별로 일제히 지도할 수 없어 국어와 수학은 학년에 관계없이 학력별로 네 그룹으로 나누어 수업하게 되었다.

훈이는 한 자리 수의 덧셈에는 답을 낼 수 있었다. 하지만 그것은 숫자와 숫자를 더한다는 개념에서 도출된 답이 아니라, 그저 식과 답을 암기한 것뿐이었다. 그래서 이를 활용한 돈 계산을 할 줄 몰랐다. 예를 들어 500원짜리 과자를 사려면 1,000원을 가지고 가면 된다는 것을 이해하지 못했다.

국어도 글씨는 잘 썼지만 그것은 문자의 형태를 기억해 옮겨 쓰는 작업을 하는 것뿐이었다. 엄마와의 대화도 앵무새처럼 따라 하는 반향어가 대부분이었기 때문에 문장을 읽고 이해하지는 못했다. 서술형 문제에서 '어떻게 생각하는가?'라고 물으면 해답란에 '어떻게 생각하는가?' 하고 적었다.

따라서 수학도 국어도 최하위 반에 속했다. 하지만 그걸로 자신감을 잃거나 위축되는 모습은 보이지 않고 매일 빠짐없이 학교에 갔다.

돈 계산

우리가 일상생활을 하는 데 가장 기본적인 것은

시간과 돈의 개념일지도 모른다. 훈이는 시계를 볼 줄은 알았지만 아무리 알려줘도 돈 계산은 하지 못했다. 엄마는 커다란 플라스틱 용기에 동전을 가득 넣은 후 훈이에게 그것을 움켜쥐게 했다. 손에 쥔 돈을 세는 훈련을 하기 위해서였다.

또 계산 문제의 프린트를 만들어 훈이에게 풀게 하고, 실제로 편의점에 가서 돈을 사용하는 방법을 연습하게 했다. 하지만 좀처럼 진척이 없었다.

학교 공부는 어떤 의미에서 보면 아무래도 괜찮았다. 엄마로서는 생활에 도움이 되는 것을 알려주기 바랐다. 훈이가 초등학교 6학년 때 리터와 데시리터에 관한 수업이 있었다. 왜 데시리터를 배워야만 하는 건지 엄마로서는 의문이었다. 담임에게 물어보니 일반 학급에서는 2학년 때 배우는 것이라서 시기를 늦춰 6학년 때 가르치고 있다는 대답이 돌아왔다.

엄마는 그건 아니라고 생각했다. 지적장애가 있으니 학년을 늦추어 가르친다는 발상은 의미가 없었다. 훈이가 사회에 나가서 데시리터라는 단위를 쓸 것이라고는 전혀 생각되지 않았다. 지금도 학교의 수학 수업에서는 짝수와 홀수의 차이를 가르치고 있었다. 이 역시 엄마의 입장에서 보면 왜 필요한지 이해할 수 없었다. 아니, 경도의 장애 아이들에게는 필요한 것일지도 모른다. 실제로 가장 수준이 높은 반에서는 연립방정식 등을 풀었으니까. 하지만 훈이는 짝수와 홀수의 차이도 이해하기 어려운 상태인 데다 생활에서 쓸 일은 전혀 없었다.

언젠가 개인 면담에서 엄마는 담임 교사에게 상의했다.

"훈이는 수학과 국어 수업을 전혀 따라가지 못합니다. 솔직히 어려운 계산과 장문의 독해 같은 건 아무래도 상관없습니다. 훈이에게 일상생활에 필요한 인사법과 돈 계산법을 알려주시면 좋겠어요. 특히 돈 계산을요. 집에서 아무리 가르쳐도 쉽게 이해하지 못하네요."

어느 날 담임은 천천히 입을 열었다.

"어머님 말씀이 맞습니다. 이 아이들에게 필요한 건 두 자리 수의 곱셈이 아니지요. 생활할 수 있게 만드는 것이 중요해요."

그러고는 놀라운 이야기를 했다.

"일본은 치안이 잘되어 있는 나라입니다. 돈 계산 같은 건 못해도 괜찮아요. 가게 직원이 해주니까요. 물건을 살 때 돈을 어떻게 지불해야 할지 모른다면 지갑을 열고 직원에게 가져가라고 하면 그만입니다. 장애인이라고 해서 돈 계산을 속이는 사람은 없어요. 게다가 어려운 계산을 할 수 있다고 해도 이 아이들은 돈의 가치를 모릅니다. 무의 값이 1,000원인지 5,000원인지 10,000원인지, 그걸 아는 것이 장애아들에게는 상당히 어렵습니다."

엄마는 맞는 말이라고 생각했다. 하지만 짝수와 홀수의 차이를 가르치는 수업과 모순되지 않는가. 학교에는 정해진 커리큘럼이 있어서 교사의 개인적인 생각은 수업에 반영하지 못하는 듯했다.

담임 교사는 돈을 쥐게 해서 계산을 가르치는 엄마의 훈련을 그만두라고 했다.

"어떤 학생은 부모님이 돈 계산을 못하면 안 된다고 엄하게 훈련을 시켰어요. 결국 그게 돈에 대한 콤플렉스가 되어버렸지요. 그는 지갑에서 필요한 돈을 꺼내지 못하는 걸 부끄럽게 여긴 나머지, 돈도 지불하지 않고 몰래 물건을 가져가게 되었습니다. 그러니 모를 때는 도움을 받는 것이 중요합니다."

살아가는 힘

엄마는 이 담임 교사로부터 많은 것을 배웠다. 어느 날 담임은 훈이의 자립에 대해 말했다.

"중요한 건 어려운 계산을 하느냐 못하느냐가 아닙니다. 사람을 만나면 인사도 하고 사랑받는 인간이 되어야 하는 것이지요. 자신이 못하는 건 할 줄 아는 사람에게 부탁하면서 스스로 도움을 요청할 줄 아는 것이 중요합니다.

자립, 자립 하면서 열을 올릴 필요는 없어요. 장애가 없는데도 자립을 못한 어른들도 얼마든지 있잖아요. 그런데 자립이란 게 뭔가요? 뭐든지 자기 혼자서 다 할 줄 알아야 하는 건 아닙니다. 누군가의 도움을 받으면서 함께 살아가는 것도 자립의 한 가지 형태예요.

아무리 애써도 훈이가 해내기에 힘든 일이 있어요. 하지 못하는 일을 억지로 시키는 것이 아니라 할 수 있는 일을 찾아서 그걸 키우면 됩니다."

담임 교사는 결국 살아가는 힘이란 무엇인가를 엄마에게 말하고 싶었던 것이다. 엄마는 그 말에 감명을 받았고 마음도 한결 편안해졌다.

그러고 보니 훈이도 가끔 돈을 꺼리는 듯한 행동을 했다. 교통카드를 깜빡하고 외출했을 때 훈이는 전철을 타지 않겠다며 고집을 부렸다. 가게에 가서도 사지 않겠다고 소리를 질렀다. 또 어떤 때는 손에 쥐여준 돈을 땅에 버리기도 했다. 지금 생각해보면 돈으로 계산하는 일이 힘들었기 때문이 아닐까 싶다.

23+39를 계산하지 못해도 괜찮다. 4,000원짜리 물건을 사려면 10,000원을 들고 가면 된다는 것 정도만 경험을 통해 알게 되면 된다. 느긋하게 키워도 된다고 엄마는 마음을 바꾸었다.

하지만 부모의 마음이란 복잡해서 머릿속 생각과 마음속 생각이 엉키기도 한다. 가능하면 돈을 제대로 쓸 수 있게 되었으면 하고 바란다. 그래서 돈을 쥐여주며 계산시키는 연습을 지금도 계속하고 있다.

지능검사

중학교 생활이 끝나갈 즈음 훈이가 오랜만에 지능검사를 받았다. 일본의 비네식 지능검사 결과에는 'IQ 37, 정신연령은 만 5세 8개월. 실제 연령보다 9세 9개월 지연된 것으로 매우 낮은 영역에 속함'이라고 적혀 있었다. 만 네 살 무렵에 받은 검사와 IQ에 변화가 거의 없었다. 여러 가지 일을 체험하게 하고 매일 할 수 있는 것들을 조금씩 늘려온 엄마에게 이 결과는 충격적이었다. 지능이 이렇게 낮게 나오리라고는 생각하지 않았었다.

엄마는 검사를 마치고 돌아오는 길에 전철을 보고 기뻐하는 훈이가 안쓰러웠다. 자폐증이라는 장애를 받아들였을 때 '이렇게 낳아서 미안하다'며 마음속으로 용서를 구했던 마음이 되살아났다.

엄마는 몇 번이나 훈이의 장애를 받아들였다. 받아들였다고 생각해도 '어째서 이런 쉬운 것조차 못하는 거야!' 하고 화를 내고 싶은 충동이 끓어올랐다. 그러고는 또 포기하고 이 아이에게는 불가능한 것이라며 수용했다. IQ 37이라는 숫자를 마주한 엄마는 다시금 훈이에게 많은 것을 요구해서는 안 된다고 다짐했다.

이 일을 계기로 "IQ 37인데 표를 살 수 있다니 대단해!" 하고 칭찬해 줄 수 있게 되었다. 밥솥에서 밥을 푸는 모습을 보면 "지적지연이 있는데도 밥을 풀 수 있다니 굉장해!", 밥을 다 먹으면 "그릇도 치우려고 애쓰고 있구나!" 하고 칭찬했다.

지능검사의 결과를 알고 슬퍼하는 마음과 가련하게 여기는 마음이 섞였다. 훈이를 바라보는 엄마의 시선이 달라졌다.

'아무리 노력해도 지능지수를 올릴 수는 없어. 하지만 생활 체험을 통해 할 수 있는 것들을 늘려나가면 된다. 여태껏 지능이 낮은 상태에서도 많은 것들을 배워온 것처럼.'

돈을 지불하다

중학교 생활의 후반에 훈이는 정기권을 사용해 전철로 통학했다. 어느 날 집에 들어서니 훈이가 "돈 썼어"라고 말했다. 훈이의 지갑에는 편의점에서 물건을 사는 연습을 하기 위한 3,000원이 들어 있었다. 그 돈을 쓴 듯했다.

엄마가 무엇에 썼는지 물어보자 전철이라고 했다. 혹시나 해서 정기권을 찾아보니 기한이 다 되어 있었다. 그제야 엄마는 모든 것이 이해되었다. 훈이는 기한이 다 된 정기권으로 개찰구를 지나가려고 했다. 부저가 울리고 문이 닫혔을 것이다. 몇 번이나 카드를 갖다 대어도 똑같았다. 역무원에게 야단을 들었을지도 모른다.

하지만 훈이는 스스로 지갑을 꺼내 돈을 지불했다. 자폐 아이가 가장 어려워하는, 예측하지 못한 사태에 대응한 것이다.

훈이가 어린이집에 다니던 무렵, 늘 지나던 도로가 공사 중이어서 우회로로 가라고 적혀 있던 적이 있었다. 훈이는 돌아서 갈 줄을 몰랐다. 완고한 태도로 늘 가던 길로 가려고만 했다. 억지로 돌아서 가게 하자 발작을 일으켰다. 그래서 그럴 때는 외출을 포기하고 집으로 돌아갔다.

엄마는 '이 세상은 안전하고 안심해도 되는 곳이다'라는 것을 알려주기 위해 훈이의 집착을 다 받아주었다. 그런데 이제 그런 배려는 조금씩 그만두어도 될지 모른다. 예측하지 못한 사태가 닥쳤을 때 그것을 뛰어넘는 체험을 시켜야 할 것 같았다.

간섭이 지나치다고 할 만큼 엄마는 훈이를 과보호하며 키웠다. 훈이의 중학교 졸업과 동시에 엄마는 아이가 자신의 곁을 떠날 시기도 가까워지고 있음을 절실히 느꼈다.

2016년 4월, 훈이는 특별지원학교 고등부에 진학했다. 지적장애를 증명하는 치료교육수첩을 가지고 있는 훈이는 조건 없이 특별지원학교 고등부에 들어갈 수 있었다. 지적장애를 동반하지 않는 아스퍼거증후군 아이들과는 그 점에서 조금 달랐다. 수업료는 한 달에 고작 1,000원 정도였다. 단, 특별지원학교 고등부를 졸업해도 고등학교 졸업 자격은 주어지지 않는다. 그래도 훈이의 장래에 학력은 관계가 없었기에 엄마는 훈이가 충분히 혜택받은 환경에 있다고 생각했다.

열
하
나

화장실에 집착하다

시작은 COACH 가방

　　훈이가 맨 처음 몸에 걸친 물건이나 놓였던 환경에 심하게 집착한다는 사실은 앞에서 언급했다. 그것과 조금 비슷한데 훈이는 어떤 특정한 물건에 대해 강한 애착을 보였다.

　처음은 초등학교에 들어가기 조금 전이었다. 훈이는 COACH 가방에 큰 관심을 보였다. COACH의 디자인은 머리글자인 'C'를 두 개, 가로와 세로로 조합해 한 면에 나열한 것이었다. 훈이는 COACH의 가방, 그것도 베이지색 가방을 매우 좋아했다. 엄마는 COACH 가방을 가지고 있지 않았는데도 어째서인지 그것에 흥미를 가졌다. 엄마와 훈이가 번화가를 걷고 있노라면 훈이는 여성들이 들고 있는 COACH 가방을 예의 주시했다. 슬쩍 엄마에게서 떨어져 가방을 든 여성을 따라가서는 'C' 디자인이 있는 부분을 살짝 만졌다.

　그런데 이것은 오래가지 않았고 초등학교 저학년 무렵에는 비상구 마크로 관심이 옮겨갔다. 문에서 사람이 뛰어나가는 녹색의 표시 말이다. 엄마와 훈이가 함께 외출해 백화점이나 대형 가전매장의 큰 건물에 들

어가면 훈이는 비상구 마크를 찾아다녔다. 마크를 발견하면 매료된 듯
이 계속 그 마크만 응시했다. 이 행동은 이 년 정도 계속되었다.

다음으로 흥미를 가진 대상은 소화기였다. 초등학교 3학년부터 4학년
때까지였다. 훈이는 소화기를 찾아 동네 곳곳을 뒤지고 다녔다. 소화기
같은 건 그리 쉽게 눈에 띄지 않을 것이라고 생각하지만 사실 의외로 여
러 장소에 있었다. 백화점 복도의 구석, 전철의 비상버튼 바로 옆, 버스의
운전수 발 밑 등. 엄마는 계속해서 소화기를 찾아내는 훈이가 놀라웠다.

그리고 훈이는 소화기를 발견하면 그저 바라보는 데서 그치지 않고
소화기의 제조사와 제품번호를 보려고 애썼다. 소화기의 모양이나 색보
다도 제조사와 제품번호를 확인하는 데 열중하는 듯했다.

그러다가 초등학교 고학년 때 관심사가 화장실로 옮겨갔다.

기억과 기록

딱히 이렇다고 할 만한 계기는 없었다. 어느 날, 공
중화장실에 들어간 훈이가 수세식 변기를 뚫어지게 바라보았다. 이날부
터 훈이는 화장실에 강한 애착을 보였다. 비상구 마크나 소화기와 달리
동네 곳곳에는 화장실이 있다. 그러니 훈이가 화장실을 보기 시작하면
끝이 없었다.

백화점의 화장실에 가면 한 칸에 들어가 변기 뚜껑을 연다. 배수구를

향해 완만한 곡선을 그리고 있는 도기의 형태를 계속해서 바라본다. 확인이 끝나면 다음 칸을 열고 들어가 똑같이 변기 뚜껑을 연다. 백화점에는 층마다 화장실이 있어서 전부 합하면 굉장한 수다. 훈이는 모든 화장실을 보고 다녔다.

화장실에 대한 이러한 집착은 전혀 식지 않았고, 지금도 이어지고 있다. 처음에는 화장실을 바라보기만 했지만 점차 제조사와 제품번호에 관심을 보이기 시작했다. 변기의 제품번호를 암기하고 집에 돌아와 수십 종류의 변기 그림을 그리고 제조사와 제품번호를 기입했다.

배수 버튼을 누르면 물이 빨려 들어가는 모습에도 관심을 갖게 되었다. 소리를 내며 물이 소용돌이를 만들면서 사라지는 광경을 훈이는 반짝이는 눈으로 응시했다.

중학생이 되어서도 이런 행동은 전혀 달라지지 않았다. 백화점의 1층부터 꼭대기 층까지 모든 화장실에 들어가 셀 수 없을 정도로 많은 변기를 확인했다. 아니, 셀 수 없을 정도라고 한 것은 엄마의 관점일 뿐, 훈이는 자신이 본 변기를 모두 기억하고 있었다. 집에 돌아오면 그것을 모두 기록했다.

일례를 들면 이런 식이다. 다음은 2014년 어느 여름날에 기록한 것이다.

도큐백화점 도요코점 화장실 (2014년 8월 10일)

남관 7층 화장실

세면대는 TOTO제 CeFiONtest 사양의 벽걸이 하이백 세면대 L120DM을 2대 사용하고 있다. 수도꼭지는 자동이다. 액체 비누도 구비되어 있다. 세면대 사이에는 TOTO 핸드 드라이어가 있다.

소변기는 TOTO제 CeFiONtest 사양 자동세정소변기 US800CE를 3대 사용하고 있다. 1대에는 손잡이가 있다.

수세식 × 2개 있다. 변기는 TOTO제 CeFiONtest 사양 '퍼블릭 모델 변기' CS460M을 사용하고 있다.

세정장치는 광선센서식 플래시 밸브(오토 클린 C 올인원 타입)이다. 변기는 비데P(남성용)이다. 유아용 의자도 있다.

가장 안쪽의 화장실은 공간이 넓고 변기와 세정장치는 같은 기능이다. 이곳에는 유아용 의자도 있다. 베이비 시트는 TOTO의 YKA13이다.

남관 8층 남자화장실 문은 자동(누름 버튼식)

세면대는 역시 TOTO제 CeFiONtest 사양의 벽걸이 하이백 세면대 L120DM 이며, 수도꼭지는 자동이고 액체 비누도 구비되어 있다. 세면대의 왼쪽에는 TOTO의 핸드 드라이어가 있다.

소변기는 TOTO제 CeFiONtest 사양 자동세정소변기 US800CE를 2대 사용하고 있다. 1대에는 손잡이가 있다.

수세식은 한 곳이며, 공간이 넓고 변기는 TOTO제 CeFiONtest 사양 '퍼블릭 모델 변기' CS460M을 사용하고 있다. 세정장치는 오토 클린C(eco리모컨 플래시 밸브)이다. 변기는 비데PS의 리모컨 사양이다.

유아용 의자, 베이비 시트가 있다. 유아용 의자와 베이비 시트는 COMBI 제품이다.

화장실 안에는 기저귀 교환대가 있다. 교환대도 COMBI 제품이다.

다목적 화장실이다. 변기는 TOTO제 CeFiONtest 사양 사이펀제트변기 CS465를 사용하고 있다. 세정장치는 터치 스위치식 플래시 밸브(오트 클린C 콤비네이션 타입)이다.

─────────────────

　다시 한번 말하지만 이 기록은 극히 일부에 지나지 않는다. 훈이가 갓 중학생이 되었을 무렵에는 연필을 사용해 꼼꼼한 글씨로 A4용지에 가득 기록했다. 중학교 2학년이 된 후로는 엄마가 사준 컴퓨터에 종이 메모의 내용을 모두 옮겼다. 참고로 훈이는 거의 혼자 힘으로 컴퓨터 조작법을 익혔다. 로마자 입력으로 히라가나, 가타카나, 알파벳을 입력하며 한자 변환도 할 수 있다.

　또 한 가지, 훈이의 능력은 화장실의 배치도를 그린다는 것이다. 백화점 등의 화장실에는 입구에 남자화장실과 여자화장실의 안내 그림이 표시되어 있다. 화장실 안에는 소변기와 수세식 변기, 재래식 변기, 세면대가 수십 개 나열되어 있다. 훈이는 그것을 위에서 내려다보는 형태로 암기한다. 남자화장실은 실제 자신의 눈으로 보니까 기억이 강화되는 것이리라. 집으로 돌아와서 이 배치도를 종이에 그린다. 변기의 제조사와 제품번호를 암기하고 기억한다는 점에서는 공통된 능력이다.

친정아버지의 분노

엄마는 훈이가 화장실에 집착하는 것을 용인했다. 집착을 인정해주자는 것이 엄마의 방침이다. 친정어머니도 별달리 이야기하지 않았다. 하지만 친정아버지는 달랐다.

훈이가 중학교 2학년 때인 2014년, 네 사람은 하코네로 관광여행을 떠났다. 각지의 관광명소를 돌아보는 2박 3일 여행이었다. 어른들은 명소와 유적지를 즐겼지만 훈이의 관심사는 역시나 공중화장실뿐이었다. 엄마는 공중화장실을 발견하면 잠시 훈이가 공중화장실을 살펴볼 시간을 주었다. 친정아버지는 그동안 줄곧 언짢은 표정을 하고 있었다. 훈이는 관광명소에는 아무런 관심도 보이지 않고 오로지 화장실 변기에만 열중했다.

그러는 동안 가족들은 화장실 밖에서 기다렸다. 친정아버지는 짜증이 나는지 적당히 좀 하라며 싫은 기색을 역력히 드러냈다. 친정어머니는 그냥 좀 봐주자며 분위기를 수습했다. 엄마는 어른들이 보고 싶은 것과 자폐증인 훈이가 보고 싶은 것은 근본적으로 다르니 설령 여행이라도 훈이의 욕구를 존중해주고 싶었다.

여행이 끝나고 전철이 신주쿠역에 도착했다. 엄마는 미리 "마지막에는 신주쿠역에서 화장실을 봐도 돼" 하고 훈이에게 말해두었다. 훈이는 곧장 화장실로 직행했다. 그때 친정아버지의 화가 폭발했다.

"이제 적당히 하지 못하겠냐!"

친정아버지의 성난 목소리에 훈이는 발작을 일으켰다. 큰 소리를 지르며 날뛰었고 친정아버지를 노려보았다. 하지만 엄마는 훈이의 그 표정이 화가 난 것을 필사적으로 억누르며 할아버지의 화에 기름을 붓지 않으려고 하는 것임을 알았다. 엄마는 친정아버지에게 대들었다.

"훈이는 자폐증이니까 어쩔 수 없잖아요! 화장실을 좋아해서 집착하는 거니까 보여주자고요!"

친정아버지의 화는 수그러들지 않았다.

"그게 무슨 이유가 되냐! 그런 행동을 그만두게 해야지! 화장실 변기나 보고 싶어 하다니."

친정아버지는 빠른 걸음으로 전철을 타고는 혼자 돌아가 버렸다. 남겨진 엄마는 친정아버지에 대한 불만으로 화가 나서 미칠 것 같았다. 화장실에 대한 훈이의 집착을 금지할 생각이 전혀 없었기에 더욱 그랬다. 친정어머니도 함께 화를 내주었다.

"어째서 저렇게 화를 내는 건지 도무지 이해가 안 되는구나."

발작이 진정되고 훈이의 얼굴에서 분노의 표정이 사라졌다. 이날 이후로 훈이는 이전보다 더 할아버지를 피하게 되었다. 반면에 화장실에 대한 편애는 점점 심해졌다.

화장실 변기 동영상

그러던 중에 훈이는 컴퓨터로 무료 동영상 사이트에 변기 영상이 올라와 있다는 사실을 알았다. 수세식 변기에 물이 빨려 들어가는 영상을 몇 번이고 볼 수 있었다. 무수한 변기 가운데서도 훈이는 TOTO사의 C48A 모델을 좋아했다. 'TOTO C48A'라고 입력하면 C48A를 포함해 그와 관련된 변기의 동영상이 얼마든지 나왔다. 훈이는 동영상에 빠져들었다.

도대체 누가 무슨 목적으로 이런 동영상을 올리는 건지 엄마로서는 신기할 따름이었지만, 훈이가 화장실 동영상을 보는 것을 금지하지 않았다. 전철이나 장난감 기차, 애니메이션 영상을 보는 것은 허용하면서 화장실만 금지하는 것은 이상하다고 판단했기 때문이다. 단, 식사 시간만큼은 시청을 금지했다.

특별지원학교 고등부에 입학한 훈이는 스스로 동영상을 찍어 사이트에 올리고 싶다고 했다. 엄마는 동영상 사이트의 사용법을 몰랐기 때문에 촬영만은 허락했다. 훈이는 동영상 기능이 있는 스마트폰을 가지고 있지 않았기 때문에 엄마가 빌려주기로 했다. 그리고 세 가지 규칙을 정했다.

첫째, 일 년에 2회까지
둘째, 여자화장실 금지
셋째, 다목적 화장실에 들어가 문을 잠그고 촬영하기

가령 어느 휴일 날, 엄마와 아들은 이케부쿠로로 향했다. 도쿄예술극장 지하 3층부터 5층까지 12곳, 세이부백화점 지하 2층부터 11층까지 28곳을 더해 모두 40곳을 촬영했다. 총 세 시간이 걸렸다. 훈이는 성취감으로 얼굴이 상기되었고 "전부 찍었어! 너무 좋아!"라며 기뻐했다.

스마트폰의 '사진' 아이콘을 누르면 일면에 변기의 섬네일이 즐비했다. 마치 조개껍데기 일람 같았다. 이것을 컴퓨터로 옮겼다.

다음 날부터 훈이는 매일 동영상을 보고 스마트폰을 귀에 가져다 대었다. 매일이 그랬다. 동영상을 재생하고 물이 빨려 들어가는 소리를 들었다. 그러다가 동영상을 보지 않고 소리만으로 변기의 제조사와 제품번호를 말하기 시작했다. 맞는지 틀리는지 엄마로서는 알 길이 없었지만, 훈이가 가진 절대음감과 기억력을 생각하면 대충 하는 말은 아닐 거였다. 물 흐름의 소리로 변기의 종류를 구분하는 것 같았다.

2017년 여름, 엄마와 훈이는 비에이산으로 여행을 갔다. 산꼭대기에 오르기 전에 아시야역, 우메다역, 신오사카역, 교토역에서 화장실을 구경하고 스마트폰으로 동영상을 찍은 훈이는 크게 만족했다. 마지막으로 가는 곳은 비에이산의 꼭대기였다. 그곳에 가면 다목적 화장실이 많이 있다고 생각한 듯했다. 하지만 다리가 불편한 사람이나 고령자가 산꼭대기까지 오는 일은 드물어서 다목적 화장실은 한 군데뿐이었다.

훈이는 완전히 기분이 상했다. 돌아오는 공중 케이블카에서는 토라져서 급기야 울먹이기까지 했다.

그래도 호텔에 도착하자마자 노트를 펼치더니 또박또박한 글씨로 변기의 제조사와 제품번호를 쭉 적어나갔다. 엄마가 세어보니 전부 54개였다. 나흘에 걸쳐 축적한 화장실 기록이었다.

TOTO 변기 쇼룸

훈이의 특이한 재능을 알게 된 지인은 "그 재능을 키워주면 어떨까?", "TOTO에 취직할 수 있는 거 아냐?"라고 말했다. 하지만 훈이의 관심사는 변기지, TOTO가 아니었다. 시험 삼아 가전매장의 변기 코너에 데려간 적이 있었다. 하지만 훈이는 그곳의 변기에 조금도 흥미를 보이지 않았다. 즉 사용되지 않는 변기에는 관심이 없었다.

최근에는 신주쿠의 TOTO 변기 쇼룸에 가보았다. 변기가 즐비하게 진열되어 있고 그중 몇 개는 실제로 물을 내릴 수 있었다. 훈이는 그 수류를 흥미롭게 지켜보았다. 하지만 쇼룸의 변기보다도 엘리베이터 옆의 공중화장실에 더 관심이 가는지 그곳의 변기를 열심히 쳐다보았다. 결국 이날은 쇼룸을 보고 오는 길에 오다큐헐크와 오다큐백화점의 화장실을 한 시간 정도 구경했다.

자폐 아이는 빙글빙글 도는 것에 관심을 보인다고 알려져 있다. '훈이는 변기 속에서 물이 소용돌이를 일으키는 데 홀린 것일까.' 그럴지도 모르지만 훈이가 변기 이외의 빙글빙글 도는 것에 시선을 빼앗긴 일은 없었다. 게다가 훈이는 제조사와 제품번호에 관심이 많다. 배치도를 그리는 데 열심이라는 것도 특징이다.

엄마가 아는 자폐 아이 중에는 이렇게 화장실에 관심을 보이는 아이들이 꽤 많았다. 분명한 이유는 모른다. 어쩌면 소용돌이를 만드는 움직임이 아니라, 변기가 물로 인해 깨끗해지는 현상에 관심이 있는 것일지도 모른다. 과거에 슈퍼마켓에서 두부나 낫토를 깔끔하게 정리한 것처럼 물을 흘려서 깨끗해지는 장면을 보면서 시원한 기분이 드는 것일지도 모른다. TOTO 쇼룸에 있는 변기에 그리 흥미를 보이지 않은 것도 지저분한 것이 깨끗해지는 현실감이 없었던 탓일지도 모른다.

훈이는 오늘도 컴퓨터로 화장실 변기 동영상을 본다. 화장실에 집착한 것이 벌써 십 년이 가까워지고 있다. 엄마는 이제 슬슬 관심사를 바꿀 때도 되지 않았나 생각한다. 참고로 훈이는 자기 집의 화장실에는 관심이 없다.

열둘

확인을 멈출 수 없어

강박성 장애

　중학교 2학년 때 어느 밤, 훈이는 다음 날 학교 수업에 대비해 가방에 교재를 넣고 있었다. 다 넣은 후에는 가방에 손을 넣어 무언가를 찾았다. 얼마 동안 그러다가 교재를 가방에서 꺼내 하나씩 확인하고 모두 다시 가방에 담았다. 다 담은 후에는 다시 가방 속을 확인하기 시작했는데, 이 일을 몇 번이고 되풀이하며 끝낼 줄을 몰랐다.

　엄마는 훈이의 모습을 지켜보다가 뭔가 예사롭지 않음을 느꼈다. 가방 속을 몇 번이고 확인하는 것은 언뜻 보기에 자폐 아이 특유의 집착처럼도 보인다. 하지만 그렇다고 해도 반복하는 횟수가 너무 많았다. 엄마는 훈이의 표정에 주목했다.

　자폐증의 집착은 본인이 좋아서 하는 일이다. 그래서 즐거운 표정이 된다. 하지만 가방 속을 계속해서 확인하는 훈이의 표정은 무척이나 힘이 들어 보였다. 마치 좋아하지 않는데 마지못해 하는 것 같았다.

　다른 날은 수영교실을 가려고 집을 나섰다. 이때도 전날부터 수영가방에 수경과 수영복 등의 필요한 물품을 철저히 준비했다. 꼼꼼한 준비성도 자폐증의 특징이다.

엄마가 훈이를 데리고 수영교실에 가려고 보도를 걷고 있는데, 훈이가 갑자기 길바닥에 쭈그리고 앉더니 가방에 든 물건을 모두 꺼냈다. 하나씩 가방에 다시 넣고는 다시 가방을 메고 걷기 시작했다. 하기만 몇 분쯤 지났을까, 다시 도로에 쭈그리고 앉아서 내용물을 확인하는 것이었다. 역시 이때도 훈이의 표정은 고통스러워 보였다.

엄마의 머릿속을 스치는 것이 있었다. 이것은 자폐증의 집착이 아니라 강박성 장애다. 사실 엄마는 20대에 심한 강박성 장애로 고통받은 적이 있었다. 증상은 악화될 대로 악화되어 외래 통원 치료로는 낫지 않았고 결국 9개월이나 입원했던 경험이 있었다.

강박성 장애란 자기 스스로도 불합리하다는 것을 알지만 어떤 일을 몇 번이고 하지 않으면 안 되게끔 심리적으로 강요당하는 것을 말한다.

가령 타인이나 자기 자신을 상처 입힐지도 모른다는 불안으로 화기가 있는 곳, 스위치, 문 닫기, 텔레비전이나 인터넷의 건강 정보 등을 과도하게 확인한다.

또 오염된 것이나 병원체로 인해 타인이나 자신이 병에 걸릴지도 모른다는 불안에 손 씻기, 양치질, 목욕, 세탁, 청소를 과도하게 반복한다.

급기야 특정한 말, 색, 숫자는 불길하다는 생각에 사로잡혀 그것을 어기면 나쁜 일이 생길 것이라고 여기고 일상의 동작도 모두 불길함을 피하고 길한 횟수로 하기도 한다.

강박성 장애의 특징은 스스로 그것이 잘못된 생각이라고 여기면서도 멈출 수 없다는 데 있다. 그래서 그 반복적인 행동으로 인해 매우 고통스러워하고, 결국 일상생활까지 지장이 생긴다.

엄마는 훈이의 표정을 보고 아동정신과에 데려가기로 결심했다.

약물요법 시작

처음 방문한 곳은 도호대학의료센터 오하시병원이었다. 예약일에 엄마는 진찰실에 들어가서 훈이의 행동을 상세히 설명하고는 먼저 말을 꺼냈다.

"훈이의 행동은 자폐의 집착이 아닌 것 같습니다. 제 생각에 강박성 장애인 것 같은데, 맞나요?"

의사는 고개를 끄덕였다.

"어머님, 잘 알아차리셨습니다. 말씀대로 이건 강박성 장애입니다. 자폐 아이는 사춘기가 되면 마음이 불안정해지면서 강박성 장애를 겪는 경우가 있어요. 우선은 약물요법부터 시작해봅시다."

의사는 자폐 아이의 이자극성(irritability. 사소한 일에도 흥분하여 짜증이나 신경질을 내는 것)을 억제하는 약(리스페달)과 강박성 장애 치료약(데프로멜)을 처방해주었다. 그런데 이런 약들은 전혀 효과를 보이지 않았고 훈이의 확인 행위는 나아질 기미가 없었다.

그래서 엄마는 훈이를 하나클리닉에 데려갔다. 20대에 엄마가 다녔던

멘털클리닉이었다. 클리닉의 의사는 리스페달을 아빌리파이로 변경했다. 아빌리파이 역시 자폐 아이의 이자극성을 억제하는 약이다. 엄마는 새로운 약의 조합에 기대를 품었지만 역시나 훈이의 확인 행위에 변화는 없었다.

이즈음 엄마가 텔레비전으로 방송대학의 수업을 보는데 강박성 장애의 인지행동요법에 대한 강의가 있었다. 엄마는 이 방법이라면 나을 수 있을지도 모른다고 생각했다.

인지행동요법이란 정신요법의 한 가지다. 정신요법이라고 하면 일반적인 사람은 프로이트의 정신분석을 떠올릴지도 모른다. 정신분석의 가장 큰 특징은 무의식을 이용해 치료하는 것이다. 그에 비해 인지행동요법은 지금 의식하고 있는 것에 주목해 환자의 고통을 제거하는 데 특징이 있다.

인지요법이란 인지나 정서의 잘못 왜곡된 사고 패턴으로 인해 심리적 문제가 발생한다고 보고 이를 합리적이고 균형적으로 수정하여 문제를 해결하는 치료다.

행동요법이란 행동 면에 작용을 가해 행동의 습관을 수정하고 생활 문제를 해결하는 치료다.

단, 인지행동요법의 또 하나의 특징은 치료사와 환자가 대화를 통해 치료를 진행한다는 것이다. 엄마는 하나클리닉에 인지행동요법을 부탁했지만 '대화가 되지 않고 지적으로 느리니 훈이 같은 자폐 아이에게는 적용하기 어렵다'는 이유로 거절당하고 말았다.

대학병원의 숙제

정보를 모아보니 사춘기 강박성 장애에 관해서는 도쿄대학병원 신경정신과가 일본에서 가장 유명한 병원 중 하나라는 것을 알게 되었다. 초진은 K의사가 담당하며 보는 환자는 20명으로 정해져 있었다. 접수 시작과 동시에 전화를 했지만 통화 중이어서 엄마는 매일같이 전화를 걸어야 했다. 초진 예약을 잡기까지 석 달이 걸렸다.

초진을 보는 날, 엄마는 훈이를 데리고 K의사와 면담하면서 훈이의 자폐증 행동과 강박성 장애 증상을 두 시간에 걸쳐 전달했다. 의사는 이제껏 복용하던 약을 바꾸자고 하지는 않았다. 그는 가장 먼저 "강박행위를 없애는 것이 아니라, 우선 더 이상 나빠지지 않도록 하는 것이 중요합니다"라고 설명했다. 엄마는 "이 병원에서는 인지행동요법을 해주는 건가요?" 하고 물었다. 의사가 대답했다.

"전혀 말을 못하는 중도의 자폐이고 강박행위가 끊이지 않는 사람이라도 행동을 바꿀 수는 있습니다. 인지행동요법에는 다양한 방법이 있으니 아드님도 할 수 있습니다."

엄마는 혹시나 하는 마음에 다시금 인지행동요법이란 구체적으로 어떤 것인지 물어보았다. 의사는 이렇게 설명했다.

"예를 들어 엘리베이터가 무섭다고 해보지요. 그러면 엘리베이터를 엘리베이터라고 생각하지 않고 종이상자라는 식으로 생각을 바꾸는 거예요. 그리고 체험을 통해 문제를 해결해갑니다."

엄마는 알 듯 말 듯 했다. 치료사와 환자 간에 대화가 성립되지 않는데 인지행동요법이라고 할 수 있을지, 엄마로서는 확실하게 알 수 없었다. 하지만 어쨌거나 의사는 면담을 할 때마다 훈이에게 '숙제'를 냈다. 그것은 확인행위를 다섯 번에서 네 번으로 바꿔보자는 구체적인 지시였다.

훈이는 K의사의 지시를 잘 따랐다. 가방의 내용물을 확인하는 강박행위에 제동이 걸렸다. 다섯 번의 확인을 네 번으로 끝낼 수 있게 되었고 다음 외래를 왔을 때는 K의사에게 칭찬을 들었다.

"훈이 군, 어머니께 들었어요. 정말 많이 노력하고 있다고요. 잘 참았어요. 선생님도 정말 기뻐요. 이런 식으로 일주일 더 해봅시다."

칭찬을 받자 자신감이 생겼고 확인행위를 하지 않고도 지나갔다는 자신감이 다음의 결과로 이어졌다. 결과가 쌓이면서 그것은 좋은 체험이 되었고 훈이는 진취적으로 '숙제'에 임했다.

돌이켜 생각해보면 엄마는 잘못된 대응을 했었다. 어느 날은 "이제 확인행위는 그만해" 하고 강박행위를 일절 금지했다. 또 어느 때는 "잊어버린 물건이 없는지 엄마가 같이 확인해줄게"라며 도와주었다. 모든 것을 금지했다가 또 동참하는 등 그야말로 일관성이 결여된 행동을 취했던 것이다.

그렇게 해버린 것은 엄마 자신이 젊은 시절에 경험한 강박성 장애의 괴로운 기억 때문이었다. 훈이의 괴로움을 너무 잘 알기에 저도 모르게 그 순간을 넘기기 위한 임기응변식 대응을 해버린 것이다.

도쿄대학병원에 다니게 되면서 훈이의 강박성 장애는 조금씩 개선되었다. 하지만 사태는 그리 간단히 해결되지 않았다.

휘말림

훈이는 결국 엄마까지 끌어들였다. 이전에는 홀로 묵묵히 확인행위를 했지만, 이제는 엄마에게 "잊어버린 거 없어요?" 하고 계속 물어보았다.

엄마도 과거에 가족들을 끌어들인 경험이 있어서 훈이의 행동을 파악하고 있었다. 하지만 알아도 휘말렸다.

엄마가 "잊은 거 없어" 하고 대답하면 훈이는 다시 잊어버린 물건은 없는지 물었다. 엄마는 똑같은 대답을 되풀이했다. 그러면 훈이는 같은 질문을 되풀이한다. 이것이 한 시간이고 두 시간이고 계속되었다.

엄마는 K의사와 상의하면서 대응을 생각했다. 우선 휘말리지 말아야 했다. 엄마가 확인행위를 도와서 잊어버린 물건이 없다는 것을 납득시키는 방법은 가장 안 좋은 행동이다. 이렇게 하면 끝이 없기 때문이다. 그렇다고 확인행위에 응하지 않겠다며 거절하는 것도 좋지 않다. 훈이의 불안이 점점 더 심해지기 때문이다.

그래서 엄마는 확인행위에 동참하는 횟수를 한 번으로 정했다.

"오늘은 이번 한 번이야. 다음은 내일 아침에 하는 거다. 병원 선생님도 말씀하셨지? 확인하는 거 줄여보자."

이렇게 하면 훈이는 불안한 표정을 보이지만 엄마를 끌어들이려는 행동은 한 번으로 끝나고 취침하게 되었다.

어째서 훈이는 강박성 장애를 갖게 된 것일까? 사실 이유는 알 수 없다. 앞에서 언급한 화장실 핸드 드라이어 이야기에서 자폐증의 2차 장애에 대해서 말했다. 다양한 2차 장애가 있는데 강박성 장애도 그중 하나다. 하지만 훈이는 심한 스트레스를 받는 일이 없이 비교적 평온한 나날을 보내고 있었다. 따라서 2차 장애로 강박성 장애를 일으킬 가능성은 적었다. 엄마가 젊었을 때 강박성 장애를 앓았던 것처럼 사춘기의 정서 불안이 원인인지도 모른다.

그리고 의학적으로는 자폐증, 틱, 섭식장애(거식증과 과식증) 등이 넓은 의미에서 강박성 장애와 관련이 있다고 보며, 이를 강박스펙트럼장애라고 부르기도 한다. 하지만 이 개념에 구체적인 진단 기준이 있는 것은 아니라서 훈이가 강박스펙트럼장애에 해당되는지는 확실치 않다.

조급함은 금물

중학교 2학년 때 시작된 훈이의 강박성 장애는 지금도 계속되고 있다. 고등부 1학년의 어느 겨울날, 훈이는 수영교실에 가서 가방 안에 수영복과 수모가 없다는 사실을 알았다. 훈이는 소리쳤다.

"엄마가 안 넣었어!"

코치는 훈이를 타일렀다.

"어째서 엄마 탓을 하니? 스스로 잘 챙겨야지."

코치로부터 연락을 받은 엄마는 전날 수영 도구 챙기는 것을 제대로 도와주지 않았다는 것을 떠올렸다. 그러고는 기뻤다. 훈이가 물건을 깜빡할 수 있다니. 훈이의 확인행위가 확실히 줄었다는 증거이기도 했다.

게다가 훈이가 코치에게 스스로의 상황을 호소한 사실도 기뻤다. 이전이라면 아무 말도 하지 않았을 아이다. 자신이 처한 곤란에 대해 말로 전달하는 것은 자폐 아이로서는 대단한 성장이다.

도쿄대학병원의 K의사도 조급해하지 말고 한 걸음씩 나아가는 것이 중요하다고 했다. 강박성 장애는 쉽게 낫지 않는다.

그러니 조급함은 금물이다.

"어머님, 훈이의 확인행위는 좋아지고 있네요. 다섯 번 확인하던 것이 네 번으로, 또 세 번, 두 번으로 줄었어요. 그래도 또 후퇴해서 세 번으로 돌아가기도 하면서 나아갈 겁니다."

엄마는 생각한다. 만약 두 번이던 확인행위가 세 번으로 늘어나도 자신과 훈이가 '그래도 다섯 번일 때보다는 줄었으니 괜찮아' 하고 생각할 수 있다면 커다란 진보라고 말이다.

훈이와 엄마는 신뢰할 수 있는 의사를 만나 조금씩 강박성 장애를 극복해나가고 있다.

열
셋

생활소음이 무서워

민머리와 귀마개

훈이가 화장실 핸드 드라이어의 소리로 고생했다는 이야기는 앞에서 했다. 훈이는 집 안에서 나는 생활소음도 견디기 힘들어했다. 두 살 무렵의 훈이는 청소기 소리를 무서워했다. 엄마가 청소를 시작하면 두 손으로 귀를 막고 울며 날뛰었다. 기계에서 나는 모터 소리가 원인임이 분명했다. 엄마는 청소를 하지 못하게 되었고, 훈이가 잠이 든 후에 청소기를 돌려야 했다. 밤에 청소기를 돌리니 이번에는 아래층에서 불만을 토로했다.

세 살이 되어 미용실에 갔다. 그곳은 드라이어의 소리, 바리캉 소리 등으로 가득했다. 훈이는 바로 겁에 질렸고 가게 안에서 소동을 피웠다. 엄마는 훈이의 머리카락 자르는 것을 단념하고 얼마 동안은 길어도 그냥 두었다.

목욕한 후에 드라이어를 사용하는 일도 불가능했다. 수건으로 닦는 수밖에 없었다. 그러다 보니 머리카락이 많이 길었고, 결국 엄마는 큰마음을 먹고 바리캉을 사서 집에서 훈이의 머리를 밀었다. 다행히 분노발작은 일으키지 않았다. 훈이는 드라이어 소리를 싫어했던 것이다. 그 후로 훈이는 지금까지 민머리를 고수하고 있다. 민머리는 드라이어를 쓸 필요가 없기 때문이다.

이후로 세탁기 소리에 발작을 일으켰다. 식기세척기의 소리도 마찬가지였다. 이 문제를 해결하려면 훈이가 있을 때는 그 기계를 사용하지 않으면 된다. 엄마는 훈이가 싫어하는 소리를 철저히 배제했다.

초등학교에 들어가서도 훈이는 소음을 싫어했다. 통학할 때는 귀마개를 끼기도 했다. 하지만 점차 소리에 대한 과민성이 개선되어서 고학년이 되면서는 귀마개를 하지 않게 되었다. 다만 어째서인지 식기세척기의 소리만은 오래도록 싫어했다. 최근에 식기세척기가 고장 나면서 다른 모델로 바뀌게 되었다. 이를 계기로 엄마가 "이제 다 컸으니 괜찮지?" 하고 설득했더니 훈이도 납득했는지 식기세척기 소리를 받아들였다. 더 이상 밤중에 식기세척기를 사용하는 일은 없어졌다.

그건 그렇고 앞에서도 이야기했지만 훈이는 극단적인 편식을 했다. 하지만 집에서만 그랬다. 어린이집이나 초등학교에서는 급식을 전부 먹으면서도 집에서는 다섯 종류의 요리밖에 먹지 않았다. 훈이의 친구들 중에는 미각이 과민한 자폐 아이가 꽤 있다. 훈이도 미각이 과민할지 모르지만 어린이집과 초등학교에서는 편식하지 않는다는 점을 생각하면 훈이가 가진 패턴화된 집착일 가능성이 높아 보였다.

현재 훈이는 외식 메뉴가 완전히 패턴화되어 있다. 마루가메제면에 가면 유부우동을 주문하고, 사이제리야에 가면 늘 명란스파게티와 시금치 소테를 먹는다. 메뉴를 보며 고민하거나 망설이는 일은 없다. 반면에 집에서 다섯 가지 종류의 음식만 먹던 집착을 버렸다. 엄마는 굳이 편식을 고치려고 하지 않은 덕이라고 생각했다.

감각이 과민한 자폐 아이

어린이집에 다니던 시절 훈이는 누군가가 등을 만지는 것을 좋아하지 않았다. 다행히 발작을 일으킬 정도로 심하지는 않았다. 하지만 유아기에 훈이가 자발적으로 엄마에게 안아달라고 한 적은 한 번도 없었다. 자폐 아이 중에는 몸을 만지는 것을 유난히 싫어해 발작을 일으키는 아이들이 있다. 촉각이 과민하기 때문이다.

꽤 오래 전 내가 대학병원에서 근무하던 때의 일이다. 신생아 때 소화관 기형을 수술한 아이를 외래로 진찰했는데 그 아이가 후에 자폐증 진단을 받았다. 혹시나 해서 말해두자면, 선천적인 장의 기형과 자폐증은 아무런 관계가 없다. 우연히 자폐증임을 알게 된 것이다. 그 아이를 진찰하려고 하면 난리를 피우고 진찰실 구석에 웅크린 채 꼼짝도 하지 않곤 했다. 촉진이나 청진은 의사가 사용하는 기본적인 방법이기는 하나, 의사의 진찰 기술이 그것만 있는 것은 아니다. 문진과 시진 역시 마찬가지

157

로 중요하다. 중한 병이라면 다르지만 상기도염이나 위염만이라면 이야기를 듣고도 진단이 가능하고 올바르게 처방도 할 수 있다.

나는 그 아이의 어머니에게 "말씀을 들으면 알 수 있으니 청진은 그만두기로 하지요. 괜찮습니다" 하고 말했다. 하지만 그 어머니는 눈물을 흘렸다. 아마도 내가 그 아이를 '청진도 받지 못하는 아이'라는 부정적인 시각으로 보았다고 생각한 것이리라. 물론 나는 그런 의도는 아니었다. 자폐 아이의 감각과민을 알고 있으니 문진만으로도 충분하다고 생각한 것이다. 그 어머니의 마음에 상처를 주어 진심으로 괴로웠던 기억이 지금도 생생하다.

그렇다면 감각이 과민한 자폐 아이를 어떻게 대하면 좋을까.

안전기지와 규칙

엄마는 청각이 과민한 훈이를 어떻게 대해야 할지 생각했다. 답은 훈이가 싫어할 일을 하지 않는 것이다. 청소기 소리를 싫어하면 훈이가 있을 때는 청소를 하지 않는다. 식기세척기의 소리를 꺼린다면 식기세척기를 사용하지 않는다. 싫어하는 체험을 하지 않게 함으로써 훈이가 안심할 수 있도록 했다.

계속 그렇게 하자 훈이의 마음이 안정되어갔다. 마음이 안정되면 서서히 소리를 받아들이게 된다. 반대로 아이에게 참으라고 강요하면서 소리에 익숙하게 만들려고 하면 마음이 불안해져서 점점 더 그 소리를 싫어하게 된다.

그래서 훈이가 어릴 때 엄마의 목표는 그에게 안전한 기지를 만들어 그 안에서 지켜주는 것이었다. 아이가 생각하는 엄마는 자신을 지켜주는 사람이어야만 했다.

화장실 핸드 드라이어의 소리도 그랬다. 엄마와 함께 외출하면 핸드 드라이어가 없는 화장실에 데려가 준다는 것을 훈이에게 알려주는 식이다. 그렇게 함으로써 훈이는 외출이 가능해졌고, 집 이외의 공중화장실도 사용할 수 있게 되었다.

억지로 강요하는 것은 절대 좋지 않다. 엄격한 방침으로 양육하면 아이는 계속 불안 속에서 살게 된다. 아니, 불안 정도가 아니라 이 세상이 공포로 느껴질 것이다. 공포가 공포를 불러 한없이 퍼져나가게 된다.

안심할 수 있는 날이 계속되면 자연스레 소리에 대해 참을 수 있다. 집착을 버리는 것도 가능해진다.

주치의 M의사는 "훈이의 집착은 무조건 수용해주세요" 하고 지도했다. 또 "집착과 떼를 쓰는 것은 다릅니다"라고도 말했다.

엄마도 그렇다고 생각했다. 유아기에 훈이는 갖고 싶은 장난감이 있으면 가게 앞의 땅바닥을 구르면서 떼를 썼다. 하지만 잘 살펴보니 그것은 집착이 깨졌을 때의 발작에 비하면 압력이 약했다. 엄마는 직감적으로 알았다.

'이건 떼를 쓰는 거구나. 집착이 아니야.'

그럴 때 엄마는 훈이의 말에 응하지 않았다.

"이 장난감은 생일에만 살 수 있어. 그게 우리 집 규칙이잖니."

엄마는 '규칙'이라는 말을 써서 훈이를 교육했다.

천식 치료와 분노발작

자폐 아이의 집착과 감각과민을 어디까지 받아줘야 할지는 꽤나 어려운 문제다. 하지만 M의사는 반드시 받아주어야 한다고 했다. 훈이가 초등학교에 들어가기 전의 일이다.

"어머님께서 만약 남이 신었던 슬리퍼는 신지 못하는 분이라고 했을 때, 그럼에도 신으라는 명령을 들으면 기분이 어떨까요? 싫겠지요. 남이 입을 댄 페트병의 물을 마실 수 있으세요? 못 마시겠죠. 그런데 억지로 마시라고 하면 어떨 거 같으세요? 그것과 똑같습니다."

지극히 사소해 보이는 일도 자폐 아이로서는 견딜 수 없는 일일 수 있다고 의사는 타일렀다.

그 이야기를 들었을 무렵 엄마는 알레르기과의 주치의로부터 훈이의 천식에 관한 설명도 들었다. 훈이는 집에서 매일 스테로이드 흡입 치료를 하고 있었다. 하지만 엄마는 스테로이드를 계속 흡입하는 것에 거부감이 있었다. 천식 발작이 조금씩 호전되고 있었기에 엄마는 주치의에게 스테로이드를 그만 쓰고 싶다고 말했다.

"그건 아니에요, 어머님. 천식은 발작을 일으킬수록 기도가 민감해져서 다음에 또 발작을 일으키게 됩니다. 스테로이드를 매일 흡입해서 기도의 염증을 줄이면 발작도 덜 일어나지요. 발작하지 않는 상태를 지속하는 것이 가장 중요합니다. 그러니 스테로이드는 매일 흡입시켜주세요. 그래야 천식이 좋아집니다."

엄마는 주치의의 설명을 듣고 납득했다. 그와 동시에 M의사의 이야기도 같다는 사실을 깨달았다.

자폐 아이는 분노발작을 일으키면 일으킬수록 더 자주 일으키게 된다. 일단 발작이 일어나면 마음속에 불안이 퍼져나간다. 불안해지면 또 부모가 자신이 싫어하는 일을 시키지는 않을지 두려워한다. 즉 예기불안이 생긴다. 자극에 민감해지는 것이다.

이것을 회피하려면 훈이가 괜찮다고 생각할 수 있는 시간을 조금이라도 늘려주어야 한다. 그러면 분노발작은 줄어든다. 엄마가 얻은 결론은 이제껏 M의사에게 들은 이야기와 놀라울만큼 일치했다.

뛰는 이유

훈이는 어릴 때 소파에서 점프해 착지하는 동작을 하염없이 반복했다. 열일곱 살이 된 지금도 방 안을 점프하듯이 뛰어다닌다. 사실 이 행동은 자폐 아이에게서 많이 볼 수 있다. 그 이유는 역시나 감각과민과 관계되어 있다고 한다.

소리에 대한 감각이 과민하다는 것은 밖에서 들어오는 소리라는 신호를 받아들이는 뇌의 틀이 좁다는 뜻이다. 그러니 틀이 금세 가득 차서 훈이는 귀를 틀어막는다. 틀이 좁다는 것은 들어오는 소리의 정보가 너무 많으면 처리하지 않음을 의미하기도 한다. 그래서 자폐 아이는 불러도 반응하지 않는 경우가 많다. 사실상 들리지 않는 것과 같은 셈이다.

자폐 아이의 감각은 과민과 둔감함이 있다고 한다. 입력 정보가 적다고 생각하면 스스로 자극을 추구한다. 그래서 손을 이리저리 털거나 몸을 앞뒤로 흔든다. 참고로 마이크로소프트사의 빌 게이츠가 발달장애가 아닌가 하는 지적을 받는 것은 몸을 앞뒤로 흔드는 버릇 때문이다.

그리고 자폐 아이는 청각 이외의 여러 가지 감각 정보가 제각각 들어오므로 그것을 통합하기 위해 뛰면서 여러 자극을 하나로 만든다는 설도 있다.

진짜 이유는 아무도 모르지만, 엄마는 훈이가 뛰는 것을 제지하지 않았다.

열
넷

상대의 마음을 읽지 못하다

마음 이론

　자폐 아이는 상대방의 마음을 읽지 못한다고 알려져 있다. 자폐증을 해설한 책을 펼쳐보면 반드시 마음 이론이라는 것이 등장한다. 마음 이론을 알기 쉽게 설명한 것이 바로 샐리-앤 과제다. 다음 페이지 그림을 참조하자.

　샐리는 바구니를 가지고 있고, 앤은 상자를 가지고 있다. 샐리는 자신의 바구니에 구슬을 넣고는 방에서 나가버린다. 그동안에 앤이 구슬을 바구니에서 상자로 옮긴다. 돌아온 샐리는 어디서 구슬을 찾으려고 할까? 이것이 과제다.

　물론 답은 '바구니 속을 찾는다'이다. 샐리의 입장에 보면 네 살이 넘은 아이들도 정답을 맞힐 수 있다. 하지만 자폐 아이는 다섯 살이 넘어도 이 과제를 틀린다. 과제를 조금 더 단순화해도 정답을 맞히지 못한다. 이보다 좀 더 단순한 과제가 원통형 상자에 든 초콜릿-연필 과제다.

[샐리-앤 과제]

샐리는 바구니를, 앤은 상자를 가지고 있다.

샐리는 구슬을 바구니에 넣었다.

샐리는 밖으로 나갔다.

앤은 구슬을 바구니에서 상자로 옮겼다.

돌아온 샐리는 어디서 구슬을 찾을까?

[초콜릿-연필 과제]

여성이 자폐 아이에게 초콜릿이라고 적혀 있는 원통형 상자에 무엇이 들었을지 물어본다. 아이는 처음에 "초콜릿"이라고 대답한다. 여성이 내용물을 꺼내서 보여주는데 실제로는 연필이 들어 있다. 이때 혁이가 온다. 여성은 자폐 아이에게 "혁이는 이 안에 뭐가 들어 있다고 대답할까?" 하고 묻는다.

이번 질문에 자폐 아이는 "연필"이라고 답해버린다. 이 실험은 자폐 아이가 혁이의 마음을 읽지 못하는 것과, '자신이 초콜릿이라고 틀린 답을 말했던 것처럼 다른 사람도 틀릴 것'이라고 생각하지 못하는 것을 보여준다.

자폐 아이가 상대방의 마음을 읽지 못하는 것은 일상에서도 종종 문제를 일으킨다. 훈이의 친구인 E는 자폐증이지만 지적지연은 거의 없다. 그래서 말은 잘하지만, 그 내용 때문에 문제가 생긴다. E가 초등학교 고학년일 때 일이다.

E를 대동한 엄마가 아는 여성과 쇼핑센터에서 이야기를 나누고 있었다. E는 큰 소리로 이렇게 말했다.

"엄마, 이 사람 뚱뚱해요."

엄마는 상대에게 진심으로 사과했다. 집으로 돌아온 엄마는 여자에게 뚱뚱하다고 말하면 안 된다고 E에게 잘 설명했다. 얼마 지나지 않아 우연히 또 그 사람을 쇼핑센터에서 마주쳤다. E는 분명히 말했다.

"엄마, 뚱뚱한 여자한테 뚱뚱하다고 하면 안 되는 거지요?"

상대방의 마음을 이해하거나 상황 분위기를 파악하지 못한다. 즉 해도 될 말과 안 될 말을 구별하지 못하는 것이다. 이것은 그야말로 샐리의 입장에 서지 못하는 것과 마찬가지다.

훈이는 말이 느렸기 때문에 이런 문제는 별로 없었다. 하지만 중학생쯤 되어 말이 늘고 글도 꽤 읽을 줄 알게 되자 길에서 본 것을 주위 상황에 관계없이 큰 소리로 읊어대고는 했다.

"아오야마길"

"국립세이이쿠의료센터 앞"

"게이오플라자호텔"

엄마는 이런 행동은 어쩔 수 없다고 생각했다. 하지만 역의 포스터를 보고 "치한은 범죄입니다. 치한은 범죄입니다!"라며 소리 높여 말하는 데는 난감함을 느끼지 않을 수 없었다. 다만 다른 사람들과 대화가 적으니 E처럼 문제가 되는 경우는 거의 없었다.

하지만 최근 들어서 식은땀이 날 만한 일이 있었다. 고등부 2학년이 된 어느 날, 훈이와 엄마가 택시를 탔다. 운전수가 길을 착각해 엄마에게 사과했다. 그러자 훈이는 운전수에게 들리는 소리로 이렇게 말했다.

"이 사람 아직 익숙하지 않네."

이때는 엄마도 가슴이 덜컹했다.

아스퍼거증후군의 비애

우리는 친구들 중에 분위기 파악을 못하는 사람이 있으면 "쟤는 분위기 파악을 못해"라거나 "걔 아스퍼거 아냐?" 하고 말하기도 한다.

아스퍼거증후군이란 쉽게 말하면 지적장애가 없는 자폐증이다. 스펙트럼(연속체)이라는 말이 붙어 있을 정도이니 아스퍼거증후군도 지극히 정상에 가까운 사람부터 자폐 증상이 심한 사람까지 폭이 상당히 넓다.

지적장애가 없으니 경도의 자폐증이라고 여기기 쉽지만 그것은 큰 오해다. 자폐 증상이 심한 아스퍼거증후군인 사람은 가혹한 삶을 강요당하기도 한다. 단순히 분위기 파악 못하는 사람 취급으로 끝나지 않는 고통을 안고 살아가기도 한다.

잠시 훈이에 관한 이야기를 접어두고, 아스퍼거증후군을 가진 한 청년의 이야기를 해볼까 한다. 그의 이름은 T라고 하자. T는 아스퍼거증후군으로 흔한 인생을 살아오지는 않았다. 하지만 아스퍼거증후군으로 이렇게 고통받는 인생도 있다는 사실을 소개하고자 한다.

지적장애가 없는 아스퍼거증후군인 아이는 어린 시절부터 말을 평범하게 할 수 있다. 다만 그 내용이 꽤나 독특하다. 우선 상대의 심리를 읽지 않고 뭐든지 생각한 대로 말해버린다. 나쁜 의미에서라면 너무 솔직하다. 암묵적인 규칙을 이해하지 못하기 때문에 나이가 들수록 큰 문제가 된다.

행동도 특징적이다. 또래 친구들과 잘 어울리지 못하고 나이가 많은 형, 누나나 아예 어린 동생들과 논다. 동생들에게 지시하고 자신의 생각대로 되지 않으면 짜증을 낸다. 또 소위 말하는 역할놀이도 어렵다. 자신을 무언가로 바꾸어 생각하는 상상력이 결핍되어 있고 상대방에 맞추어 이야기를 만들어가지 못한다.

대화는 가능하지만 의사소통 방식은 보통과 다르다. 아스퍼거증후군인 초등학생은 이상하게 어른같이 말하고 아이가 사용하지 않을 법한 경어, 어른들이 쓰는 틀에 박힌 대사를 입에 담는다. 묻고 답할 때도 세세한 일에 별스러울 만큼 집착하며, 에둘러 말하는 화법을 쓴다. 아무래도 상관없는 구체적인 일에 대해 하염없이 떠든다.

상대방의 표정을 읽으려 하지 않으므로 이야기는 일방적이다. 상대방의 사정을 고려하지 않으니 말도 무척 알아듣기 어렵게 한다. 자신이 아는 것에 대해서는 줄기차게 말한다. 또 상대방의 말 이외의 뉘앙스를 알아차리지 못한다. 비꼬며 말해도 잘 알아채지 못한다.

취미나 관심사 역시 한 가지에 심하게 집착한다. 비디오 게임의 공략에 이상할 만큼 집착하거나 어떤 책의 같은 장면을 반복해서 읽는다. 텔레비전 프로그램도 같은 것만 본다. 신문을 펼치고 글을 읽을 때도 어려운 글자에 집착해서 그것만 계속 쳐다보기도 한다.

사람보다도 사물에 관심이 있다. 사람을 대하는 데도 능숙하지 못하다. 따라서 집에서도 학교에서도 좋은 인간관계를 구축하기가 어렵다.

T야말로 그런 아이였다. 부모는 수다스러운 T가 발달장애이자 아스퍼거증후군이라고는 꿈에도 생각하지 않았다.

T는 초등학교 저학년 무렵부터 수시로 학교 친구들과 갈등을 빚었다. 갑자기 행사 일정을 변경한 담임에게 짜증을 내며 대든 일도 있었다. 부모가 담임의 이야기를 들어보니 T의 잘못임이 명확했다. 아버지는 T를 엄하게 야단쳤으며, 이런 나날은 몇 년이고 계속되었다. 부부간에도 말다툼이 끊이지 않았다. 아버지는 엄마가 가정교육을 잘못한 탓이라고 했다.

그러던 중에 T가 학교에서 따돌림을 당하게 되었다. 모두에게 완전히 무시당하게 된 것이다. 엄마가 상담을 요청하자, 담임은 이것은 따돌림이 아니라 T의 태도에 상당한 문제가 있다고 말했다.

중학교에 가서도 T에게는 친구가 한 명도 없었다. 주위에서 멀리하더니 결국에는 무시하거나 은근한 따돌림으로 바뀌어갔다. 중학교의 담임교사도 문제는 T에게 있다고 지적했다. 아버지는 점점 더 T에게 화를 냈고 종종 폭언을 퍼붓기도 했다. 손을 대는 일도 있었다.

그래도 T의 학업 성적은 꽤 좋았다. 특히 수학을 잘했다. 계산 능력이 뛰어났던 것이다. 사회나 과학은 참고서를 통째로 암기했다. 도감과 지도책 등은 몇 시간이고 보고 있을 수 있었다. T는 높은 성적 덕분에 지역에서 비교적 수준이 높은 고등학교에 진학했다. 하지만 거기서도 대인관계는 원활하지 못했다.

T는 끊임없이 짜증을 내고 때로는 엄마에게 화풀이를 했다. 수면장애

가 생겼고 학교에 지각하는 일이 많아졌다. 성적은 점점 떨어졌고 고등학교 3학년 때는 거의 등교 거부 상태였다. 더 이상 수업을 이수하기가 어려워졌고 결국은 고등학교에서 퇴학당했다. 그런데 일을 하려는 의욕조차 전혀 없어서 부모는 난감했다.

T는 점차 외출도 꺼리고 집에 틀어박히기 시작했다. 밤낮이 뒤바뀌면서 낮에 잠을 자니 부모와의 대화도 급격히 줄었다.

스무 살이 된 T는 어느샌가 술맛을 알아버렸다. 엄마에게 억지로 돈을 타내고 한밤중이면 일어나 편의점으로 향했다. 방에 틀어박혀서 벽을 차고 소리를 질렀다. T는 아침에도 밤에도 수면제를 복용했고, 자지 않으면 횡포를 부리는 식이었다.

부모는 T가 정신질환이 아닌가 싶어 정신과 진찰을 받기로 했다. 한 달 가까이 설득해 겨우 T를 데리고 정신과에서 진찰을 받았다. 이 무렵에는 T도 자신의 고통을 어떻게든 해결하고 싶어 했다. 장시간의 면담을 거듭한 결과 알게 된 사실은 충격적이었다. T는 아스퍼거증후군인데 이를 주위에서 아무도 알아차리지 못한 탓에 2차 장애를 일으켜 마음의 균형이 깨졌다는 것이다.

T는 노발대발했다.

"왜 지금까지 아무도 내게 아스퍼거증후군이라고 말해주지 않은 거야! 부모는 뭘 한 거야! 지금까지의 내 인생은 도대체 뭐였냐고!"

T의 가정폭력이 시작되었다. 집 안의 물건을 부수고 부모에게 폭언을 내뱉었으며 폭력을 휘둘렀다.

"당신들 때문이야!"

폭력은 점점 더 심해지더니 급기야 칼을 들기도 했다. 부모는 경찰에 연락했지만 사건이 아직 일어나지 않은 단계에서는 대응할 수 없다는 대답을 들어야만 했다. 부부는 T를 집에 남겨둔 채 다른 아파트로 이사 했다. 현재 해결의 실마리는 전혀 보이지 않는다.

장애와 학대

아스퍼거증후군의 이야기를 조금 더 해볼까 한다.

자폐증에서 2차 장애로 가는 아이들은 대부분 아스퍼거증후군, 고기 능 자폐증이라는 지적이 있다. 아이에게 뚜렷한 지적장애가 있으면 부모 는 어느 시점에서 자녀의 상태를 수용하고 적절한 육아에 눈뜬다. 하지 만 지적장애가 없는 자폐증 경우, 가정교육이 되지 않은 일반 아이로 보 이기도 한다. 또 고기능 자폐증이라고 진단받아도 자녀를 장애라고 인 식하기 어렵다. 그 결과 과도한 훈육과 같은 부적절한 육아가 아이에게 심한 스트레스를 주어 2차 장애를 일으킨다.

현재 조현병이나 우울증으로 치료를 받는 성인 중에는 아스퍼거증후 군의 2차 장애 환자가 상당하다는 설도 있다. 또 이와 비슷하면서 다른 설도 있다. 성인이며 지적장애가 없는 사람이 조현병이나 우울증 등의 정신질환이나 행동장애로 치료를 받을 때, 증상이 좀처럼 개선되지 않는 경우가 있다. 이런 사례의 배경에 고기능 자폐증 등의 발달장애가 존재하는 경우가 있으며, 이를 레이어드증후군(일본에서 통용되는 진단명으로, 지능에는 문제가 없어서 평범한 어린 시절을 보낸 뒤 성인이 되어 조현병, 불안장애, 인격장애 등 증상이 나타나 이를 진찰하면서 뒤늦게 발달장애가 발견된다)이라고 한다. 즉 지적장애가 없는 자폐증은 원래 다른 정신질환 등과 커다란 스펙트럼을 만들고 있을 가능성이 있다고 지적하는 학자도 있다.

아스퍼거증후군인 사람이 지적장애를 동반한 자폐증인 사람보다 가족이나 사회에 받아들여지기 힘든 것만은 틀림없다. 그러므로 2차 장애를 일으키기 쉽다는 것도 납득이 간다.

동일한 이유로 학대도 발생하기 쉽다.

다운증후군인 아이나 중도의 심신 장애아를 학대한 부모에 대해 들어본 적은 없지만, 발달장애인 아이를 학대하는 부모는 존재한다.

1970년대 일본의 신문을 찾아보면 부모가 장애아를 살해한 사건이 잇달아 등장한다. 참고로 일본의 장애인 권리를 호소하는 운동은 1970년에 요코하마에서 부모가 지적장애가 있는 자녀를 죽인 사건이 계기가 되었다. 이때 자녀를 살해한 엄마를 동정하는 목소리가 높아지면서 감형 탄원 운동이 일어났다. 이에 대해 이의를 제기한 것이 뇌성마비자협의회인 '아오이시바노카이(푸른잔디회)'였다. 장애인은 살해당해도 되는 존재인가라는 문제 제기가 장애인운동의 시작이었다.

어쨌거나 장애아를 살해하는 부모는 줄어들었다. 2016년 야마나시에서 엄마가 발달장애를 가진 열한 살 남자아이를 목 졸라서 죽인 사건이 가까운 기억일 정도다.

하지만 학대는 많이 일어난다.

아이치소아보건의료종합센터에서 아동학대에 관련해 보고한 《아동
학대라는 제4의 발달장애》에 따르면 44퍼센트가 발달장애였다. 이 중
90퍼센트 이상이 지적장애가 없는 아이들이었다.

또 거꾸로 보면 이렇다. 고기능 전반적 발달장애(자폐증) 아동의 9.7퍼
센트가 학대를 당했다. 거듭 말하지만 사회성이 약하거나 의사소통에
문제가 있으면 훈육이 덜 된 아이로 보인다. 부모는 훈육에 안간힘을 쓰
지만 그것이 잘 되지 않으면 자녀와의 사이에 애착을 형성하지 못한다.
과도한 훈육은 체벌이 되고 그것이 심해지면 학대가 된다.

아스퍼거증후군 아이들이 얼마나 힘들게 살아가는지는 우리가 상상
하는 수준을 훨씬 뛰어넘는다. 상대방의 마음을 읽지 못한다는 것은 사
회성 형성이라는 의미에서 지극히 무거운 장애다.

둘 중에 하나

다시 훈이의 이야기로 돌아오자. 특별지원학교 고
등부에 진학한 훈이는 S라는 한 살 위의 여학생에게 관심을 가졌다. 엄
마가 보기에 그것이 연애 감정인지 집착인지는 분명치 않았다. 훈이는
무조건적으로 S에게 다가갔다. 집에서도 컴퓨터로 화장실 동영상을 보

면서 S의 이름을 노래처럼 불렀다.

학교에서는 훈이가 S를 끈질기게 따라다닌다며 연락이 왔다. 그래서 엄마는 그림을 그렸다. 두 사람 사이에 선을 긋고, 그 선의 길이에 '1미터'라고 주석을 달았다.

"사람과 이야기할 때는 1미터 떨어져서 하는 거야. 1미터보다 더 가까이 가면 범죄예요."

훈이는 범죄라는 말에 반응한다.

"경찰이 오는 거야?" 하고 묻는다.

"경찰은 안 와. 경찰은 무서운 사람들이 아니야. 약한 사람을 지켜주는 것이 경찰이란다."

이럴 때 엄마는 "S의 입장에서 생각해봐. 그렇게 가까이 다가가면 싫겠지?"라고 하지 않았다. 훈이는 상대방의 마음을 생각하지 못하기 때문이다. 그저 선택지를 제시하며 스스로 고르게 했다.

"자꾸만 S를 따라다니고 그러면 학교에서 퇴학당해. 퇴학당하고 계속 이 방에서 매일 지내는 것과, S에게 그러지 않고 학교에 가는 것 중에서 어느 게 좋니?"

그러자 훈이는 온순한 얼굴로 "학교에 갈 거야. S를 자꾸 귀찮게 따라다니지 않아" 하고 말하는 것이었다.

하지만 학교에서 전화가 왔다.

"하교할 때 버스 안에서 훈이가 S를 성가시게 하고 자리를 옮겨도 계속 따라다녔다고 합니다. 그걸 보던 학생들도 놀라서 큰 소동이 났어요.

버스회사에도 일반 승객들에게도 폐를 끼쳤어요. 이제부터는 하교할 때 버스를 이용하지 않았으면 하네요. 학교에서도 엄하게 주의를 주겠습니다."

특별지원학교에는 스쿨버스가 있었지만 체력적으로 도보 통학이 불가능한 학생들을 위한 것이었다. 훈이는 아침에 삼십오 분을 걸어 등교하고, 하교할 때는 공공버스를 이용해 방과후 수업 등에 가곤 했다.

전에도 비슷한 문제가 몇 번인가 있었다. 그때마다 학교의 생활지도 교사와 엄마가 훈이에게 설명했고, 훈이는 최근 반년 동안에는 아무 문제도 일으키지 않았다. 그런데 또다시 S를 따라다닌 것이다.

엄마는 훈이가 돌아왔을 때 어떻게 설명해야 할지 생각했다. 추상적인 말을 해봐야 통하지 않는다. 상대방의 입장에 선다는 발상은 시작부터 불가능했다. 무턱대고 화를 내면 훈이의 정신 상태에 좋지 않다. 그래서 엄마는 학교에 전화를 걸어 어떻게 대응하면 좋을지 조언을 구했다.

"학교에서 엄하게 주의를 주었으니 그냥 모르는 척해주세요. 훈이 자신이 이야기를 꺼내지 않는 한 어머님이 먼저 말씀하실 필요는 없습니다."

학교의 설명을 듣고 엄마는 훈이가 어떻게 나오는지 지켜보기로 했다.

엄마는 집에 돌아온 훈이를 반갑게 맞이했다. 그러자 훈이는 스스로 "내가 또 잘못했어. 선생님한테서 전화 왔어?" 하고 물었다. 얼굴은 굳어 있었고 반성하는 기색이 역력했다.

엄마는 더 이상 타격을 주면 안 되겠다고 판단하고 "두 번 다시 똑같은 행동을 하지 않도록 하자'라고 짤막하게 타일렀다.

상대방의 기분을 알지 못하면 상대방의 마음에 상처를 주고, 결국 자신의 마음에도 상처를 입힌다. 훈이는 샐리-앤 과제나 초콜릿-연필 과제, 그리고 그와 유사한 과제를 내면 역시 거의 정답을 맞히지 못했다.

다만 버스에서 문제를 일으키는 빈도는 점점 줄어들고 있다. 반복해서 혼나고 설명을 들으면서 훈이의 마음속에 자리한 'S를 성가시게 따라다니고 싶은' 충동을 조절할 수 있게 된 것이라고 엄마는 생각했다. 훈이가 먼저 잘못을 말하고 용서를 구한 것도 커다란 성장이었다.

엄마는 상대방의 마음을 읽지 못하는 훈이에게 어떤 일을 해서는 안 되는지 알려주려고 꾸준히 설명했다. 훈이에게는 어려운 일이지만 조금씩 진보하고 있다. 엄마는 그것을 인내심을 갖고 지켜보고 있다.

열
다
섯

사회로 진출 준비하기

●●● 한국도 취업에 어려움이 많은 장애인의 고용촉진을 위해 장애인고용의무제도가 있다.
상시 근로자 50인 이상의 공공기관과 민간기업 사업주는 의무적으로 장애인을 일정 비율 이상
고용해야 하며, 미준수 시 부담금을 부과한다. 현재 장애인 의무고용비율은 국가 및 지자체 공공기관
3.4퍼센트, 민간사업주 3.1퍼센트다.

직업훈련

특별지원학교 고등부는 장애아를 위한 직업훈련학교라고 할 수 있다. 입학 직후부터 취로훈련(일본의 직업훈련 용어로 고용될 목적으로 해당 직장에서 일하는 형태로 진행된다)이 실시된다.

학생들의 그룹을 나누는 일도 보통의 고등학교와는 완전히 다르다. 이 훈련은 장애의 정도에 따라 크게 두 그룹으로 나누어 진행한다. 훈이의 장애는 경도에서 중등도로 분류되므로 다섯 종류의 훈련을 받는다.

사무반, 용접반, 청소반, 식품가공반, 시설관리반.

1학년 때는 이 다섯 가지 훈련 외에도 기본적인 매너를 익히는 훈련을 받는다. 2학년이 되면 자신에게 맞는 두 개의 반을 고른다. 3학년 때는 하나의 반을 정해 훈련을 받는다.

2학년의 9월부터는 기업 실습도 있어서 실제 직장에서 일을 체험한다. 그 결과 자기네 회사에서 일해달라는 연락이 오기도 한다. 학교는 전원의 진로를 정하기 위해 학생과 가족들을 적극적으로 지원한다.

이제부터 훈이가 앞으로 어디로 갈지를 정해야만 한다. 자동으로 진학하는 것은 특별지원학교 고등부까지다. 그러니 학교도 가족도 열심히 진로를 찾고자 애를 쓴다.

그렇다면 구체적으로 어떤 진로가 있을까? 간단히 설명하겠다.

- **일반 기업** 기업의 장애인 전형에 취직한다. 기업은 고용 노동자의 2.2퍼센트에 상당하는 장애인을 고용할 의무가 있다(한국의 장애인고용의무제도와 유사하다).
- **취로이행지원** 이 년간 직업훈련으로 일반 취업을 목표로 한다. 임금은 없다.
- **취로계속지원 A형** 사업자에게 고용된다. 최저임금이 보장된다. 고용계약을 체결하며 월급은 70만 원가량이다. 그러나 최근 이런 일자리가 줄어들고 있다(한국의 직업재활시설 근로사업장과 유사하다).
- **취로계속지원 B형** 일반 취업이 어려운 장애인이 일한다. 고용계약은 체결하지 않으나 임금이 지급된다. 월급은 십수만 원(한국의 보호작업장과 유사하다)이다.
- **생활 돌봄** 장애가 심한 사람을 대상으로 신체 기능(건강) 향상과 생활 능력 향상을 위한 가벼운 작업이 주어지며 임금이 지급된다. 월급은 수만 원 이하이며 지급되지 않는 경우도 있다.

훈이가 고등부에 입학하자 학교로부터 이런 정보가 쏟아졌다. 작업소와 취로이행지원사업소의 팸플릿도 받았다. 학교는 그야말로 취업 준비를 위한 곳이었다. 만약 일반 학교에 진학했다면 이러한 정보는 스스로 찾지 않으면 얻을 수 없다. 아니, 존재 자체를 모르면 찾으려야 찾을 수 없을 터였다. 실제로 엄마의 지인 중에 경도의 발달장애 아들을 일반 학교에 보낸 사람은 '취로계속지원'이나 '취로이행지원'이라는 말조차 알지 못했다.

고등부의 교복은 와이셔츠에 넥타이 차림이다. 넥타이는 후크로 고정하는 간이식과 자신이 직접 매는 것 중에서 고를 수 있다. 훈이는 직접 매는 유형을 골랐다. 야무지다고 하기는 힘든 손으로 매일 아침 넥타이를 매기란 번거롭지만, 초등학교 때 나비 모양으로 매듭을 묶는 특훈을 받은 것이 쓸모가 있었다.

단순작업

훈이가 입학하고 두 달이 지난 6월 어느 날, 엄마는 수업을 참관하러 나섰다. 훈이는 대형 커터로 종이를 자르는 작업을 하고 있었다. 그저 종이를 자를 뿐인 작업이다. 아무 말 없이 종이만 잘랐다. 엄마는 훈이의 모습을 이십 분 정도 지켜보았는데 그것으로 충분했다. 이 작업은 세 시간이나 계속되었다.

용접반의 학생은 하나의 테이블을 에워싸고 둥글게 모여 한 사람씩 순서대로 테이블을 닦고 있었다. 상하좌우로 골고루 닦은 아이는 담임에게서 칭찬을 들었고, 둥글게 닦고 끝낸 아이는 다시 하라는 지적을 받았다.

시설관리반의 학생은 빗자루에 묻은 먼지를 묵묵히 제거하는 작업을 하고 있었다.

엄마는 학생들의 모습을 보며 부모회에서 선배 엄마들에게 들은 말을 떠올렸다.

"우리 애는 열여덟 살까지 학교라는 보호 환경 속에서 선생님과 친구들과 함께 충실한 하루하루를 보냈어요. 하지만 졸업 후에는 아침부터 저녁까지 작업소에서 나사를 비닐봉투에 담는 작업을 해요."

"우리 애는 한여름에도 매일같이 공원 화장실을 청소해요. 이 아이의 인생은 이걸로 괜찮은 걸까 하는 생각이 들어요."

그런 말들을 머릿속으로 반추하면서 커터를 사용하는 훈이를 바라보는 엄마의 눈에는 눈물이 맺혔다. 지금까지의 인생을 돌이켜보았다. 훈이가 태어났을 때의 기쁨, 자폐증이라는 진단을 받았을 때의 충격, 필사적으로 다닌 치료교육, 부모회에서 알게 된 엄마들과의 이야기.

'무엇을 위해 이제껏 최선을 다해 키워온 걸까?'

먹먹한 마음을 억누를 길이 없었다. 수업을 참관하러 온 다른 엄마들도 "좀 충격이었어요"라며 어두운 표정을 보였다.

엄마는 필사적으로 마음을 다잡았다. 하지만 아무래도 부정적인 생각이 사라지지 않았다.

'만약 훈이가 다른 일반 아이들처럼 태어났다면 더 즐겁고 다채로운 고등학교 시절을 보냈겠지.'

엄마는 그날 저녁을 먹으면서 훈이를 칭찬했다.

"사무반에서 일을 아주 열심히 하더구나."

그러자 훈이는 여러 개의 종잇조각을 꺼냈다. 도큐 8500계, 도쿄메트로 08계, 도부 50050계 등 전철의 정면도를 종이에 그린 후 여백을 잘라낸 것들이었다.

"커팅이 능숙해졌어. 예쁘게 잘 잘랐어."

그 표정은 자신만만하고 기뻐 보였다.

훈이의 표정을 본 엄마는 자신이 틀렸는지도 모른다는 생각을 했다. '이런 작업은 시시할 거야', '이런 반복은 고통스러운 거야', '이렇게 단순한 일밖에 못한다니 가여워'라는 생각은 일반 사람들의 사치가 아닐까. 훈이가 만족한다면 그것은 노동의 기쁨으로 이어지고 있는 것이라고 생각하며 반성했다.

이때는 그렇게 생각했다. 하지만 엄마는 이후로도 장애인이 단순작업밖에 하지 못하는 현실에 다시금 고민하게 된다.

손님 접대

1학년 어느 가을, 엄마는 다시 학교를 찾았다. 수업 견학과는 조금 달랐다. 학교에는 카페가 있는데 일반인에게 개방되어 있었다. 엄마는 손님으로서 접객반에서 훈련을 받는 훈이의 모습을 보러 간 것이다.

카페의 현관에는 칠판이 세워져 있었고 커피와 홍차, 과일 주스 등 일곱 가지 메뉴가 적혀 있었다. 요금은 전부 1,000원이었다.

엄마가 가게 안으로 들어가 의자에 앉자 나비넥타이를 맨 훈이가 물잔을 쟁반에 담아 왔다.

훈이가 떠듬떠듬 입을 열었다.

"어서 오세요. 주문은 결정하셨나요?"

엄마는 훈이가 손님에게 얼마나 잘 대응할 수 있을지 시험해보기로 했다.

"쇼트케이크 주세요."

그러자 훈이는 즉시 대답했다.

"없습니다."

그러자 담당 교사가 훈이의 말투에 대해 주의를 주었다. 훈이는 고쳐 말했다.

"죄송합니다만 쇼트케이크는 없습니다."

엄마는 더 말을 걸어보았다.

"쇼트케이크가 없어요? 그게 먹고 싶었는데."

그러자 훈이는 "주스로 하시겠어요?" 하고 억지로 권했다.

"네?" 엄마가 놀란 표정을 짓자, 훈이는 자신이 권한 것이 별로라고 생각했는지 "커피로 하시겠어요?"라며 다른 메뉴를 권했다.

엄마는 자기도 모르게 웃으며 메뉴에 있는 사과 주스를 부탁했다. 잠시 후에 훈이가 사과 주스를 들고 나타났는데 주스를 놓을 때 컵받침을 나중에 꺼내는 실수를 했다. 이렇게 손님 응대는 일단 종료되었다.

실습에는 접객 7대 용어라는 것이 있다고 한다. '어서 오세요, 감사합니다, 주문은 결정하셨나요?, 죄송합니다, 잠시만 기다려주십시오, 실례합니다, 맛있게 드십시오' 등이다. 훈이는 매뉴얼에 따라 가능한 한 정중한 말투로 고객을 접대했다. 하지만 안타깝게도 임기응변에 대응하지는 못했다. 자폐증으로 의사소통 능력이 부족하기 때문이다.

그래도 엄마의 눈에는 훈이가 노력하는 모습이 보였다. 집에서는 뛰어다니거나 엄마에게 거친 말을 쓰기도 한다. 그러던 아들이 남의 집에 놀러 온 고양이처럼 얌전했다. 계속 참고 노력하는 듯했다.

'단순한 반복 작업보다는 손님을 응대하는 것이 재미있지 않을까?'

엄마는 집에 돌아와 훈이에게 손님을 응대하는 일을 해보는 것이 어떠냐고 의향을 떠보았다. 하지만 훈이는 싫어했다.

"계속 서 있어야 하니까 싫어."

손님이 오지 않을 때 손을 앞으로 모으고 서 있는 것이 힘든 모양이었다. 즉 훈이는 아무것도 하지 않고 있기가 어려웠다. 커터로 종이를 자르는 작업은 계속 의자에 앉아 있기는 하지만 늘 손을 움직인다. 그 편이 훈이로서는 더 좋았던 것이다. 이리하여 2학년이 되자 훈련 과목을 사무반과 시설관리반으로 정했다.

무서운 대상

매주 일요일에 T스포츠센터에 다니며 수영을 즐기는 생활은 십일 년째에 접어들었다. 장애인용 수영 시간에 참여하니 학생들은 모두 장애인이다. 그 학생들 중에 훈이가 계속 참견하게 되는 상대가 있었다. 앞에서 이야기했듯이 훈이는 사람에게 끈질기게 다가가려는 충동을 억제하지 못하는 면이 있다. 그 행위는 이미 절반쯤 훈이의 행동 패턴이 되어 있었다.

훈이가 그 학생을 성가시게 하는 것을 막기 위해 최근 일 년 동안 엄마는 감시자 역할로 훈이와 동행했다. 그런데 고등부 2학년 어느 봄날, 볼일이 있었던 엄마는 훈이를 혼자 T스포츠센터로 보냈다.

엄마의 휴대전화가 울렸다. 발신자는 T스포츠센터였다. 뭔가 꺼림칙한 예감에 사로잡힌 엄마가 휴대전화를 귀에 가져다 대었다. 역시나 코치의 전화였다.

"훈이가 소동을 피우고 있습니다. 곧장 데리러 와주세요!"

엄마는 초조했다.

"대체 무슨 일이 있었나요?"

"평소처럼 친구를 성가시게 하기에 제가 엄하게 주의를 줬습니다. 그랬더니 발작을 일으켰어요. 흥분해서 비상벨을 누르고 그 소리에 더 무서워하고 그랬습니다."

"지금은 어쩌고 있나요?"

188

"쓰레기통을 던지고 유리를 깨부수고 로커를 엉망진창으로 만들었습니다. 보통으로 난리를 피운 게 아니에요!"

"아, 알겠습니다. 데리러 갈 테니 훈이에게 손대지 말고 그대로 기다려주세요."

엄마는 전화를 끊고 T스포츠센터로 향했다. 그런데 얼마 되지 않아 또다시 코치에게 전화가 왔다.

"어머님, 큰일 났습니다. 훈이가 수영장 부지를 벗어나 버렸습니다!"

훈이는 도주한 것이다. 엄마는 대체 어디를 찾아봐야 할지 막막했다. 일단은 T스포츠센터로 향했다. 그러자 다시 휴대전화가 울렸다. 화면을 보니 훈이에게 호신용으로 사준 휴대전화에서 걸려온 것이었다. 엄마는 통화 버튼을 눌렀다.

"경찰이 잡아가! 경찰이 잡아가!"

훈이가 울부짖고 있었다. 그러더니 곧장 다른 사람이 전화를 받았다. 낯선 남자의 목소리가 들려왔다.

"댁의 아들이 내 차를 발로 찼어요. 경찰서에 데려간다고 했더니 난리를 피우지 뭡니까. 어떻게 하면 되겠어요?"

엄마는 빌고 또 빈 후, 훈이가 자폐증이며 발작을 일으켰다고 설명했다. 다행히 얼굴도 모르는 그 남자는 이해해주었다. 대략적인 위치를 전화로 확인한 후 엄마는 발걸음을 재촉했다. 얼마간 달려가자 맞은편에서 귀에 익은 울음과 괴성이 들려왔다. 엄마는 겨우 훈이를 찾아낸 후 "경찰은 안 오니까 괜찮아!" 하고 말해주었다. 하지만 흥분한 훈이는 "이제 수영 안 해! 안 해!"라고 소리쳤다.

엄마는 겨우겨우 훈이를 달래서 집으로 데리고 왔다.

T스포츠센터에는 파손한 유리 비용을 변상했다. 그쪽에서 탈퇴하라는 말은 하지 않았지만, 엄마는 훈이에게 수영 강습을 그만 시키기로 했다. 십 년 동안 신세를 졌고, 헤엄치는 법을 철저히 가르쳐준 T스포츠센터에는 고마운 마음밖에는 없었다. 훈이의 집착을 이해해준 코치에게도 감사하는 마음이 가득했다.

하지만 엄마는 훈이에게 사회의 규칙을 가르쳐야겠다고 생각했다. 그리고 자신의 감정을 조절하는 법을 배우기를 바랐다.

엄마는 훈이에게 "수영장에서 소동을 피워서 출입금지를 당했으니까 탈퇴하게 되었어" 하고 전달했다.

십 년이나 다닌 수영교실을 그만두게 되어 얼마나 실망할까 싶었지만 훈이는 "내가 망가뜨렸으니까 출입금지 당했어" 하고 아무렇지 않은 얼굴로 말했다. 엄마는 힘이 빠지는 듯했다.

'이 아이는 과거나 미래에 대해서 번민하지 않는구나. 어떤 의미에서는 행복한 사람일지도 몰라.'

그리고 이 일을 계기로 엄마는 통감했다. 옛날이었다면 가정교육을 잘못했다는 말을 들으며 끝났겠지만, 고등부 2학년이 된 지금은 사회에 나가서 소동을 피우면 경찰에 잡혀갈지도 모르는 일이었다. 정신연령은 다섯 살인 채 몸만 고등학생으로 성장하면 어려운 국면에 처하게 된다는 걸 실감했다.

기업 실습

고등부 2학년이 된 훈이와 엄마는 많은 취로이행지
원사무소와 B형 계속지원사무소를 견학했다. 알고는 있었지만, 역시 지
적장애인의 일은 극히 단순하고 단조로운 것들뿐이었다. 회의에 참석할
일도 없고 영업을 나가는 일도 없다. 아침부터 저녁까지 계속 작업대 앞
에 앉아 있다. 서류를 봉투에 담는 작업을 끊임없이 되풀이하거나 컴퓨
터에 숫자만 입력하는 일을 반복했다.

생각해보면 단순작업을 하는 일반 사람들도 많다. 일하는 사람 모두
가 자신의 일이 재미있다고 생각하는 것은 아니리라. 그러니 '장애인에게
는 이런 일밖에 주어지지 않는다'고 생각할 게 아닌지도 모른다. 그런데
도 엄마는 견학을 하면 할수록 드는 복잡한 생각을 막을 길이 없었다.

9월이 되고 기업 실습이 시작되었다. 훈이도 한 기업에 가게 되었다. 일
정은 총 오 일이다. 여기서 잘하면 내년에도 실습을 받아줄지 모른다. 통
근 자체도 실습의 하나다. 훈이는 넥타이를 단정하게 매고 가방을 등이
아닌 가슴 쪽에 멨다. 만원 전철에서 승객들에게 피해를 주지 않기 위해
서다.

실습 기간 중 하루 동안 엄마에게 견학이 허락되어 훈이가 일하는 모
습을 보러 갔다. 우편엽서에 도장을 찍는 작업을 묵묵히 하고 있었다. 엄
마는 그 모습을 이십 분만 지켜보았다. 이 작업은 아침 아홉 시부터 열
두 시까지 계속된다. 훈이는 세 시간이나 도장을 찍었다.

사람에 따라서는 '장애인에게 이런 단순작업이 적합하다. 자신이 좋아서 하는 일이다'는 의견을 가진 이도 있다. 엄마는 정말로 그런 것일까 생각해본다. 오늘 하루만 해도 힘든 일이다. 그런 것을 앞으로 몇십 년이나 계속한다고 했을 때 아들 훈이는 과연 기쁨을 느낄 수 있을까? 학교 수업에서 종이를 자르는 작업을 보았을 때는 엄마 스스로를 납득시키려고 했다. 하지만 실제로 직장에서 반복 작업을 계속하는 모습을 마주하자 실습이라고는 하나 너무 애달픈 마음이 들었다.

그날 밤, 엄마가 텔레비전을 켜자 다큐멘터리가 방송되고 있었다. 여자 형무소의 형무 작업에 관한 것이었다. 복역 중인 노파가 사담을 금지하는 규칙 속에서 나무젓가락 가운데에 종이를 감았다. 단지 그것만 반복하고 있었다. 한 시간 동안 바르게 감은 것은 스무 접시 정도였다. 작업 효율이 나쁘면 형무관이 주의를 줬다. 그 광경을 바라보는 엄마의 마음이 무거워졌다.

다만 훈이는 작업 중에는 무표정했지만 집을 나설 때나 돌아왔을 때는 밝은 표정이었다. 적어도 마지못해서 가는 건 아니었다.

마지막 날에는 과제가 주어졌다

- 집중하기
- 자세 바르게 하기
- 정중한 말 쓰기

담당자가 쓴 일지에 따르면 전날은 훈이가 작업 중에 하품을 세 번이나 했다.

오 일간의 실습이 끝나고 엄마는 버스정류장으로 훈이를 마중하러 갔다. 훈이의 얼굴은 밝았다. 훈이 자신이 느끼는 성취감과 충실감이 엄마에게도 전해졌다. 집에 돌아온 훈이는 예상대로 평소보다 더 점프하며 뛰어다녔다.

'역시 충실한 느낌을 받았던 거야.'

훈이에게는 점프하는 모습이 어울린다고 엄마는 생각을 했다.

실습 평가표가 학교를 거쳐 엄마의 손에 도착했다. 봉투를 열어보니 종이에 이렇게 쓰여 있었다.

'내년도 실습은 받을 수 없음'

불합격이라는 말이었다. 3학년 때 한 번 더 실습을 받을 수 있으면 그 기업에 취직할 가능성도 있었다. 하지만 그 전 단계에서 취직의 가능성이 차단된 것이다. 엄마가 작업하는 모습을 보러 갔을 때 훈이는 나름대로 잘하고 있다고 할 만큼 일에 집중하고 있었다. 부모로서는 만점 이상의 평가를 주고 싶을 정도였다. 하지만 기업은 그것을 훨씬 뛰어넘는 수준의 인재를 원했다.

꼭 그 기업에 취직해야겠다고 생각한 것은 아니다. 작업 내용도 훈이에게 최선은 아니었다. 하지만 한 장의 종이에 쓰인 평가는 너무나도 안타까웠다. 거부당했다는 생각이 들자 엄마의 가슴이 쓰라려왔다.

엄마는 훈이에게 "내년에는 또 다른 기업에 가든지 취로이행지원사무소에서 실습하자"라고 했다. 불합격에 대해서는 언급하지 않았다.

엄마는 훈이가 꼭 회사에 취직해야 한다고 생각하지는 않았다. 훈이가 고등부를 졸업한 후에 자신의 장애를 이해해주는 직원들을 만나서 활기차게 생활할 수 있기를 바랄 뿐이었다. 급여와 훈이의 미소를 비교하자면 당연히 자식의 웃는 모습이 더 중요하다. 일반 기업에 취직되지 않아 B형 사무소에서 일하게 된다면 임금은 월 십수만 원 정도다. 하지만 만약 훈이가 그곳에서 무언가 즐거움을 느낄 수 있다면 더 이상 바랄 것이 없었다. 돈과 바꿀 수 있는 것이 아니라고 생각했다.

엄마는 앞으로 훈이의 인생에서 중요한 것은 회사와의 만남이 아니라 사람과의 만남이라고 생각했다.

2018년 봄, 훈이는 3학년이 되었다. 작업 그룹은 단 한 곳, 사무반으로 정했다.

열여섯

부모가 먼저 세상을 떠난 후에

그룹홈을 알다

'엄마가 몸을 못 쓰게 되었을 때 훈이는 어떻게 될까?' '엄마가 세상을 떠난 후에 자립하지 못하는 훈이는 어떻게 살아갈까?'

훈이가 고등학교에 들어간 무렵 엄마는 조금씩 이런 생각을 하기 시작했다.

장애인이 장래에 생활하는 곳이라고 하면 대개 시골에 있는 대규모 장애인 시설을 떠올린다. 커다란 방에서 공동생활을 하며, 시간 관리를 받고, 자유란 없으며 모두가 일률적으로 같은 일을 하는 …….

'훈이는 그곳에 가게 되는 걸까?'

한편으로 그룹홈(한국에서는 아동·장애인·노인 등 사회적 취약계층들이 일정한 경제적 부담을 지면서 공동생활하는 그룹홈(공동생활가정)이 민간 주도 및 정부 지원하에 운영되고 있다)이라는 것도 있다. 그룹홈은 비교적 적은 인원이 공동생활을 하는 꽤 자유로운 장소다. 각각의 방에서 생활하고 자신이 하고 싶은 일을 할 수 있다. 도심에 많이 있다고 들었다. 훈이에게 어떤 미래가 기다리고 있을지 엄마는 구체적인 그림을 그리기 어려웠다.

엄마는 드디어 부모가 세상을 떠난 후 자식의 인생에 대해 진지하게 생각할 시기가 왔음을 깨달았다. 고등부 급우의 엄마들과 이야기하다가, 학교에 졸업생 모임이 있으며 매년 복지를 전공한 대학교수가 강사로 초빙되어 장애 아이의 미래에 대해 이야기하고 자료도 나누어준다는 사실을 알았다.

엄마는 원래 학부모회 활동에 열심인 편은 아니어서 졸업생 모임에서 회보가 와도 제대로 살펴본 일이 없었다. 친구 엄마로부터 전해 들은 그 교수의 이야기에 따르면, 장애아는 만 25세가 되면 부모 곁을 떠나 독립하고 그룹홈에서 산다. 그리고 그룹홈은 어디도 빈자리가 없으니 직접 만들어야 한다.

엄마로서는 무척이나 충격적인 이야기였다. 그저 놀라고 불안해하기만 해서는 앞으로의 상황에 대처할 수가 없다. 엄마는 자료와 책을 읽고 인터넷을 검색하며 필요한 사람을 만나면서 점차 정보를 늘려나갔다. 시에 문의하고 구의 장애인복지과를 찾아가 상의하기도 했다. 장애인복지과의 직원이 그룹홈을 만드는 부동산사업에 관계된 공익사회법인도 소개해주었다.

돈에 관한 관리와 운영에 대해서도 배웠다. 부모가 죽은 후 장애인의 미래에 대해 무료로 상담해주는 행정 담당자의 이야기도 들었다.

이 담당자는 금전적인 것과 관련해 세 가지를 알려주었다.

첫째, 장애연금과 취업을 통해 조금씩
       수입을 늘릴 것
둘째, 장애복지서비스를 이용해서
       조금이라도 지출을 줄일 것
셋째, 신탁 제도를 이용해 아이의 자산을
       관리할 것

이전부터 느꼈지만 관공서에서 먼저 장애인을 찾아와 복지 제도에 대해 알려주는 일은 없다. 직접 정보를 모으고 발품을 팔아가며 관공서를 찾지 않으면 아무것도 시작되지 않는다.

가령 훈이는 중학교 3학년까지 의료비가 무료이고, 고등학교 1학년부터 30퍼센트를 부담하게 된다. 그런데 자립지원의료제도라는 것을 이용하면 정신과 통원의료비는 10퍼센트만 부담해도 된다. 하지만 이런 것에 대해 관공서에서 알아서 연락을 주는 일은 없다. 스스로 신청해야만 한다. 엄마도 친구에게 들어서 알게 된 것이다.

훈이에게는 돈을 관리한다는 개념이 없다. 그러니 신탁이라는 제도로 돈을 지키는 것이다. 예를 들면 가족신탁일 경우 가까운 친척에게 돈을 관리하게 할 수 있다. 다만 훈이는 외동이고 의지할 만한 친척이 없다. 그러면 성년후견제도(한국에는 2013년부터 발달장애인·치매노인 등 보호가 필요한 성인의 권리를 보호하기 위한 '성년후견제'가 시행되었다)를 이용하게 된다. 그런데 지금 단계에서 훈이의 예금 계좌에 돈을 넣어 후견인을 세우면 부모라도 아이의 돈을 만질 수가 없다. 따라서 엄마는 현시점에서는 상담 창구를 개설하고, 자신의 몸이 따라주지 못하게 되었을 때 성년후견제도를 이용할 계획이다.

엄마는 앞에서 언급한 행정 담당자에게 만 25세 독립설을 어떻게 생각하는지 물어보았다. 담당자는 두 가지를 말해주었다.

첫째, 장애인이 생활하는 곳에 관한 제도는 아직 과도기에 있다. 정부는 대규모 수용형 시설은 더 이상 만들지 않는다. 그리고 그룹홈에서 재택 돌봄으로 무게중심을 옮기고 있다. 경도에서 중도의 장애인 경우 자택에서 생활하는 것을 권장한다.

둘째, 자신도 장애아를 키우고 있지만 만 25세 독립에 집착할 필요는 없다. 가능한 한 함께 한다.

이야기를 들은 엄마는 길이 한 가지만 있는 것이 아님을 알았다. 엄마는 다방면에서 정보를 수집한 후, 드디어 졸업생 모임에서 복지 전문가인 대학교수의 강의를 듣게 되었다.

25세 독립할 가능성

강연의 내용은 좋게 보면 자극적이고 나쁘게 보면 살벌했다. 교수는 장애인이 부모 품에서 떠나는 것의 중요성을 강조했다. 따라서 부모도 자식을 떠나보내야만 한다.

대규모 수용형 시설은 지방에 있으며 호흡기에 의지하고 있거나 하는 중도의 장애인만 들어갈 수 있다. 훈이에게는 그룹홈이 적합하지만 도내의 시설은 이미 만원 상태다. 만약 공석이 생긴다면 무언가 문제가 있는 시설일 위험성이 있다. 요컨대 직접 그룹홈을 만드는 것이 가장 현실적인 선택이다. 남의 힘을 빌려서 어떻게 해보려는 생각은 접어야 한다. 자녀의 행복을 위해서는 부모가 땀 흘려가며 노력하는 수밖에 없다.

어떻게 직접 그룹홈을 만든다는 것일까? 기술적인 세세한 부분은 다양하게 접근할 수 있다. 집 한 채를 처음부터 짓는 방법도 있고, 기존 아파트 등을 개축하는 방법도 있다. 토지도 구입하는 것 외에 정기차지권을 사용하는 방법도 있다.

그런데 누구나 자금이 마음에 걸릴 것이다. 하지만 이것 역시 궁리하기 나름이다. 훈이는 스무 살이 되면 장애기초연금을 수령할 수 있다. 1급이면 연간 천만 원 정도, 2급은 팔백만 원 정도다. 이것을 오 년만 모으면 4천만 원이 넘는 돈을 마련할 수 있고, 여기에 부모가 3천만 원을 내면 총 7천만 원이 넘는다. 장애아 가족이 열 집만 모여도 약 7억 원이라는 돈이 된다. 즉 아이가 만 25세가 될 즈음이면 그룹홈을 세울 가능성이 생긴다. 그룹홈의 입주비용은 한 달에 60만 원 정도다. 단, 이용자에게는 최대 이십몇만 원의 보조금이 지급된다.

그룹홈은 사회복지법인 등의 법인에서 경영한다. 법인은 정부로부터 보조금을 받아 운영되는데, 낮에 돌봐줄 인력을 파견하고 야간에 돌볼 인력을 배치한다.

엄마는 25세 독립에 대한 이야기를 듣고 아무리 해도 그건 너무 이르다고 생각했다. 현재 열일곱 살인 훈이는 독립할 때까지 팔 년이 남았다. 팔 년밖에 함께 있지 못하는 것이다. 그룹홈의 준비 기간을 생각하면 훈이의 독립은 서른 무렵이 될지도 모른다. 그렇게 생각하면 앞으로 십삼 년. 그때 엄마는 68세가 된다. 나이로 보면 적합한 시기인지도 모른다. 생각해본들 소용없지만 만약 더 젊었을 때 훈이를 낳았다면 서른이 아니라 더 오래 함께 있을 수 있었겠지. 엄마는 늦은 나이에 출산한 것을 새삼 후회했다.

강연회에서는 아이가 돌도 되지 않았을 때부터 그룹홈 생활을 계획하고 있는 사람들의 사례도 소개되었다. 그 아이들은 프레더윌리증후군(부계 15번 염색체의 이상으로 발생하는 유전질환으로 일반적으로 근력 저하, 비만, 저신장, 지적장애가 주 증상이다)이었다. 유전자 이상으로 인한 병으로 발달이 지연되고 상대방의 마음을 읽지 못하는 등 인지가 편향되어 있는 특성을 보인다. 경도에서 중등도의 지적장애를 수반하기도 한다. 그리고 과식한다는 특징을 갖고 있다. 프레더윌리증후군 아이들은 식욕을 억제하지 못하고 비만이 되며, 청년기에 당뇨병 등의 생활습관병에 많이 걸린다. 그래서 다른 장애아와 함께 식사하기가 어렵고, 같은 병을 가진 사람들 전원이 함께 식사 관리를 하면 수월하다. 그런 이유로 프레더윌리증후군 자녀를 둔 부모들은 일찍부터 장래의 그룹홈을 계획한다.

그룹홈을 견학하다

엄마는 훈이를 데리고 그룹홈 견학에 나섰다. 훈이에게는 나중에 이런 곳에서 살게 된다는 이야기는 하지 않았다. 훈이는 영문도 모른 채 즐겁게 저녁을 먹었다.

엄마는 세 곳의 그룹홈을 견학했다. 세 곳 모두 각양각색이었다. 중도 장애인과 경도 장애인이 함께 사는 홈도 있고, 생활자 전원이 비교적 가벼운 장애인인 홈도 있었다.

내부 인테리어 역시 개성이 제각각이었다. 시크한 분위기인 곳도 있고 비용을 들여 호텔처럼 멋지게 꾸민 곳도 있었다.

엄마는 가급적이면 촌스럽지 않은 그룹홈을 선호했다. 복지의 세계는 뭐든지 수수할 뿐, 화려한 맛이 없다. 건물도 사람들의 복장도 그렇다. 시설의 청결도와 돌봄 인력의 인품도 중요한 체크포인트지만 엄마는 훈이가 멋진 생활 공간에서 하루하루를 보냈으면 싶었다.

그런데 문제는 역시 건물이 아니라 돌봄 인력을 파견하는 운영법인이라는 생각이 들었다. 건물은 한번 만들면 반영구적으로 남는다. 하지만 운영법인은 어떤가? 사라져버리는 일은 없을까? 아니, 운영법인이 존속해도 돌봄 인력을 제대로 고용해서 파견할 수 있을까? 일본은 인구 감소로 노동인구가 줄어들고 있다. 어린이집 교사도 그렇고 돌봄의 세계에서도 일하려는 사람이 드물다. 석은 급여가 상황을 더 그렇게 만들고 있다. 땅값 때문에 그룹홈을 도심에서 떨어진 곳에 세운다는 건 말도 안 된다. 그런 곳에서는 돌봄 인력을 구하기가 힘들뿐더러, 부모도 나이가 들면 얼굴 한번 보러 가기가 힘이 들 것이다.

점차 엄마의 눈에는 무엇이 문제인지 보이기 시작했다. 훈이의 취업은 어떻게든 될 것 같다. 특별지원학교 고등부의 교사들이 열심히 진로를 찾아주었기 때문이다. 엄마도 노력하지만 그 이상으로 학교 담당자들이 협력해주었다. 고등부를 졸업한 훈이가 설 자리가 사라지는 일은 없을 것이다. 하지만 생활하는 곳은 다르다. 부모가 일할 수 있는 동안 준비해두지 않으면 훈이는 갈 곳이 없어진다. 훈이가 서른 살에 독립한다고 하면 그 후로도 오십여 년의 인생을 홀로 살아가야만 하지 않는가. 부모인 자신이 죽기 전에 훈이의 장래를 위한 길을 닦아놓아야 한다.

훈이를 돌봐줄 인력을 제대로 파견해주고 그것이 일생 동안 계속될 수 있는 운영법인을 만나야만 한다. 그리 쉬운 일은 아니다. 어떻게 판별해내야 할지도 잘 모른다.

어쨌든 사람들과의 연결고리를 소중히 여기는 수밖에 없었다. 엄마는 정보를 모으기 위해 일본그룹홈학회에도 가입하고, 지역 내의 부모 협력체에도 무언가 역할을 하고 싶다고 신청했다. 학교의 학부모회에도 적극적으로 참여하기로 마음을 바꾸었다.

그룹홈을 세우고 운영법인을 찾는 일은 엄마가 '꿈' 운운하며 느긋하게 생각할 수 있는 종류의 목적이 아닌, 반드시 해야만 하는 인생의 목표가 되었다.

오 년 단위로 생각하기

결국 뭐니 뭐니 해도 앞으로의 훈이 인생에서 가장 중요한 것은 사람이다. 취업은 급여 액수가 문제가 아니라, 훈이라는 인간을 이해해주는 사람들을 만나서 함께 일하는 것이 중요하다. 돈 관리 역시 신뢰할 수 있는 후견인을 만나야 한다. 그룹홈에서 생활하는 것도 마찬가지다.

때때로 그룹홈에서 돌봄 인력이 장애인을 학대했다는 보도를 접할 때가 있다. 훈이가 믿을 수 있는 사람들과 연결되려면 엄마가 그런 인맥을 만들어야만 한다. 엄마는 얼마 전에도 모교를 방문해 운영에 대해 상의했다. 학교법인에서는 어렵지만 수녀회를 찾아가보면 어떻겠느냐는 제안을 받았다.

엄마는 사무적인 작업과 계산을 하는 일에는 능하지 않았다. 하지만 사람을 만나서 이야기하는 것만큼은 자신이 있었다. 훈이의 독립을 위한 이런 고생을 엄마는 힘들게 여기지 않았다. 아무런 준비도 하지 않으면 불안만 더 커졌다. 지금의 고생이 불안의 씨앗을 하나씩 없애주는 작업이다.

다만 행정 담당자는 너무 많이 생각하는 것도 좋지 않다고 조언해주었다. 법률과 제도는 계속해서 바뀐다. 먼 미래를 생각해본들 훈이를 둘러싼 환경은 변화할지도 모른다. 그러니 조금씩 쉬어가면서 오 년 단위로 생각하면 좋다고 말해주었다. 훈이가 스무 살, 스물다섯 살, 서른 살일 때 구체적인 계획을 짜면 된다. 지금은 사람들과 연결되어 있는 것만으로도 괜찮다.

훈이는 일반 사람들처럼 자립할 수는 없다. 자립하지 못한 자식을 남겨두고 세상을 먼저 뜨는 일은 엄마로서는 크나큰 불안이다. 자식보다 하루만 더 살고 싶다는 것은 모든 장애아 부모가 갖는 바람이다. 하지만 현실은 그렇지가 않다.

훈이가 초등학생일 때 아래층 주민에게 쫓겨나다시피 이사했다. 그로부터 십 년이라는 세월이 흘렀다. 지금 엄마는 훈이와의 생활이 너무나도 즐겁다. 지금까지의 인생을 돌이켜봐도 지금 이 순간이 가장 좋다. 그러니 솔직히 말하면 평생 훈이와 여기서 살고 싶다. 만약 지금으로부터 이십오 년 후에 반드시 추락하는 비행기가 있다면 엄마는 훈이와 함께 그 비행기를 타고 싶다. 그러면 그룹홈에 대해 생각할 필요도 없고, 인생의 마지막 순간까지 훈이와 함께할 수 있을 터였다.

훈이가 어린이집에 다니던 시절에는 아들을 있는 그대로 받아들이지 못하고 함께 사라지고 싶다고 생각한 적도 있었다. 동반자살이라는 말이 머릿속을 스친 적도 있었다. 이제 와서 돌이켜보면 어떤 방법으로 사라지려고 생각했는지조차 떠오르지 않는다. 그때는 마냥 힘겨웠다. 지금은 다른 의미로 좋은 추억만을 안고 아들과 함께 사라지고 싶다는 꿈같은 생각을 한다.

열일곱

장애를 갖고 산다는 것

마음은 있을까?

훈이의 아침은 매일 철저하게 정해져 있다.

6시 59분에 기상해서 7시 5분이면 화장실을 가고, 7시 11분에는 이를 닦고, 7시 24분에 아침 식사를 시작한다. 시간에 여유가 생기면 방을 서성거리면서 시간을 허비한다. '양치질이 빨리 끝났다고 7시 23분부터 밥을 먹는' 일은 절대 없다. 마지막으로 교복의 넥타이를 매는 시간은 7시 57분이며 8시 2분에 집을 나선다. 앞에서도 언급했듯이 넥타이를 매는 것이 어려워서 잘 안 되면 고쳐 매다가 예정된 시간을 넘기기도 한다. 그러면 8시 2분에 집을 나서지 못할 것 같은 생각에 훈이는 발작을 일으킨다.

엄마 생각에는 '시간을 전체적으로 조금씩 앞당기면 될 것'이라는 생각에 7시 56분에 "이제 넥타이를 매면 어떻겠니?"라고 해본다. 훈이는 "아직 아니야!" 하고 화를 낸다. 7시 57분까지는 절대로 넥타이를 매려고 하지 않는다. 계속 텔레비전의 NHK 뉴스를 보며 시간을 확인하고 있다.

이것은 자폐증으로 인한 집착이지, 자기 자신의 희망이나 의사 또는 취향이 아니다.

긴 여름방학이 끝나고 내일부터 학교에 간다. 이제껏 신나게 놀았는데 내일부터 학교에 가야 한다니 엄마로서는 안쓰러운 마음이 들었다.

"쉬어도 괜찮아. 내일 학교 갈 거니?"

엄마가 물어보면 훈이는 늘 간다고 대답한다. 이것도 집착이다. 가고 싶어서 가는 것이 아니라, 9월 1일은 등교하는 날이라고 정해져 있으니 가는 것이다. 그러니 자신의 희망이나 의사나 취향이 아니다.

훈이에게 마음이란 게 있는 걸까? 엄마는 그 마음이 참 잘 안 보인다. 마음이 없는 것이 아닌가 싶을 때도 있다. 그런데 최근에 엄마는 훈이의 마음을 보았다.

친정아버지가 돌아가셨다. 훈이의 장애를 끝까지 이해하려고 하지 않았던 친정아버지. 훈이에게 혹독하기만 했던 할아버지. 친정아버지가 죽고 장례식이 끝나기까지 일주일 정도가 걸렸다. 엄마는 훈이에게 물어보았다.

"할아버지가 돌아가셔서 슬퍼?"

훈이가 대답했다.

"슬퍼."

하지만 엄마가 "할아버지가 돌아가셔서 안 슬퍼?" 하고 다르게 물어보자 "안 슬퍼" 하고 답한다. 마치 앵무새 같다. 엄마가 또 물어본다.

"할아버지가 돌아가셔서 안 슬퍼, 슬퍼?"

질문의 끝을 굳이 "슬퍼?"로 바꾸어보았다. 그런데 "안 슬퍼"라는 대답이 돌아왔다.

장례식에 참석하는 날, 엄마는 친정어머니와 상의했다. 훈이를 데려갈지 말지에 대해서였다. 장례식 중간에 발작을 일으키거나 소동을 피우면 곤란하다. 하지만 엄마는 생각했다. 훈이에게 사람의 죽음에 대해 알려줘야만 한다. 사람에게는 언젠가 반드시 죽음이 찾아온다. 독경을 하고 향을 피운 후에 화장장에서 태우면 뼛가루만 남는다는 사실을 알려주는 편이 낫다. 엄마는 돌봄 교사에게 부탁해 훈이를 데리고 장례식에 참석했다.

자폐 아이는 '처음 가는 곳'에서 분노발작을 일으키기도 한다. 하지만 엄마는 전부터 훈이가 그런 상황에 강하다고 생각했다. 혹시나 하는 마음에 돌봄 교사와 동행했지만, 그분이 나설 만한 일은 생기지 않았다. 이날도 훈이는 얌전했다.

출관(한국 장례 절차 중 발인에 해당한다. 일본은 한국과 다르게 고인이 누워 있는 관 뚜껑을 열고 그 안에 고인을 위한 선물과 꽃을 넣는다)을 하기 전에 다 같이 관에 꽃을 넣는다. 훈이도 참여했다. 할아버지의 모습이 꽃에 묻히자 훈이의 눈에서 주루룩 눈물이 흘렀다.

"훈이가 울었다!"

훈이의 눈물에 일동은 놀라움을 금하지 못했다. 놀라기는 엄마도 마찬가지였다.

그리고 보니 훈이가 중학교 1학년 때, 방과후 수업에서 칠 년 동안 도움을 준 직원이 퇴직했다. 이때 감사 파티에서 훈이는 눈물을 흘렸다고 했다. 알림장에 훈이가 "눈에서 물이 나왔다! 물이 나왔다!"라며 놀라워했다고 적혀 있었다. 엄마는 그 일을 떠올렸다.

훈이는 이제껏 할아버지에게 혼이 나고 쇼핑과 전철, 수영장 등에서 여러 사람들에게 야단을 맞았다. 표정에는 거의 변화가 없었지만, 훈이는 그때마다 슬펐는지도 모른다. 훈이에게는 마음이 있다. 단지 표현하지 못하는 것뿐일지도 모른다. 그런 생각이 들자 엄마는 아들이 안쓰럽기 그지없었다.

훈이는 오늘을 사는 사람이다. 오늘 하루가 행복하면 그것으로 충분하다. 내일의 일은 생각하지 않는다. 당연히 미래에 대해서도 생각하지 않는다. 과연 자폐증이라는 장애는 훈이에게 불행인 것일까?

엄마는 꼭 그렇지만은 않다고 생각했다.

지적장애가 심하지 않은 자폐 아이는 자신이 지적인 면에서 늦다는 사실에 고민하기도 한다. 친구들에게 무시당한다는 사실을 안다. 한편으로 훈이와 같은 나이에 중도의 지적장애를 가진 자폐 아이도 있다. 아직도 기저귀를 차고 있으며 심한 자해를 되풀이한다. 그것도 참으로 괴로운 일이다. 그런 의미에서 훈이는 고통스러워하며 살고 있지는 않다. 고통으로부터 자유롭다. 이 아이의 하루하루가 풍요로운지 어떤지는 솔직히 알 수 없다. 하지만 화장실과 철도처럼 좋아하는 것이 있고 집 안에서 자유롭게 뛰어다니는 모습은 보는 이의 마음을 따뜻하게 해준다.

그리고 분명히 훈이는 엄마에게 많은 행복을 가져다주고 있다.

진정한 행복이란

엄마는 자신을 꿈이 있는 사람이 아니라고 한다. 다만 살아가는 의미는 느낄 수 있다고 잘라 말한다. 물론 그 삶의 의미는 훈이로 인한 것이다.

엄마 친구 중에는 IT 기업의 사장이 있다. 그녀는 사업으로 크게 성공해 사회적 지위와 명예, 부를 모두 얻었다. 하지만 가정을 이루지는 못했다. 그녀는 훈이와 엄마의 모습을 지켜보며 부럽다고 말한다. 만약 자신이 지금 당장 죽은들 누가 슬퍼해주겠느냐면서 말이다. 그 친구는 인생에서 가장 중요한 것은 돌보아야 할 가족의 존재일 뿐, 자식에게 장애가 있고 없고는 문제가 아니라고 말한다.

엄마도 그 말에 동의한다. 만약 훈이가 서른 살에 독립해버린다면 자신은 누구를 위해 살아야 할까? 혼자 먹기 위해 식탁을 차리는 일은 즐겁지 않다. 그런 의미에서는 훈이에게 장애가 있든 없든 상관없다. 아니, 훈이가 자폐증이기에 엄마는 더 많은 것을 배워왔다.

엄마는 어린 시절, 극단적인 완벽주의자인 친정어머니의 손에 자랐다. 과도한 보호와 간섭을 받았다. 시험에서는 늘 100점을 받아야 했고, 100점이 아닌 점수는 0점이나 다름없었다. 열심히 공부해서 일류 학교에 입학하고, 남들이 부러워하는 일류 기업에 취직하고, 학벌이 좋은 남자 친구를 만들어 인생에서 성공해야 한다는 말을 끊임없이 들었다. 그런 것을 달성하지 못하면 실패한 인간이라고 생각했다. 하지만 취직을 하자마자 좌절을 경험했다. 무리해온 탓에 강박성 장애가 생긴 것이다. 결국 병이 악화되어 입원까지 해야 했다. 회사도 퇴직했다. 이 일을 계기로 엄마는 '자식이 태어나면 절대로 나 같은 길을 걷게 하지 않겠다'고 결심했다.

하지만 엄마는 배 속의 훈이에게 태교를 하고 태어나자마자 영재교육을 시작했다.

'우수한 아이로 키워야만 해!'

엄마는 훈이가 일류 대학에 가고 일류 기업에 취직해서 남들이 부러워할 성공한 인생을 살기를 바랐다. 문득 정신을 차리고 보니 자신도 친정어머니가 자신에게 한 것처럼 훈이를 대하고 있었다. 세상에 자랑할 만한 아이를 키우려는 과도한 영재교육이 친정어머니에게서 엄마에게, 엄마에게서 아이에게로 대물림되고 있었던 것이다. 틀림없는 악의 고리였다.

하지만 그 고리는 훈이의 자폐증으로 인해 끊어진다. 엄마가 가져온 가치관은 완전히 뒤집혔다. 하지만 엄마는 자포자기하지 않았다. 물론 한때는 절망적인 마음이 들기도 했지만, 훈이와의 인생을 내팽개치지는 않았다. 엄마는 하나부터 열까지 새로운 가치 기준을 만들었다. 엄마에게 훈이와 함께하는 인생은 모두가 가진 보통이라는 이름의 강요로부터 해방되는 자유를 향한 여정이었다고 할 수 있다.

두 살부터 여덟 살까지 훈이는 매일같이 소동을 피우고 분노발작을 일으켰다. 끊임없이 손이 가는 아이였고, 엄마는 정신적으로 피폐해졌다. 장래를 내다볼 여력이 없었고 마음속에는 불안의 먹구름만 퍼졌다.

그런 하루하루 속에서도 작은 기쁨은 있었다. 훈이가 수도꼭지를 돌릴 수 있게 되고 단추를 끼울 수 있게 되었다. 그런 사소한 일에도 감동했다. 엄마는 새로운 사람으로 다시 태어난 것이다. 훈이에게 하루에 열 권씩 그림책을 읽어주던 시절의 엄마와는 다른 사람이 되어 있었다.

훈이가 자폐증이라는 진단을 받았을 때 엄마는 친구에게서 "아이는 부모를 골라서 태어난대. 너라면 키울 수 있으니까 네게 온 거야"라는 말을 듣고 화를 냈었다. 그런 위로 따위는 듣고 싶지도 않았다. 자신은 건강한 아이, 아니 천재를 원했기 때문이다.

그로부터 십오 년이 지났다. 지금이라면 분명히 말할 수 있다. 훈이는 자신에게 행복이란 무엇인지를 알려주는 존재라고 말이다. 그리고 꿈은 없어도 인생의 궁극적인 목표는 있다. 엄마의 가장 큰 바람은 훈이가 인생의 마지막 순간을 맞이할 때 "나는 행복한 인생을 살았다"며 천국으로 가는 것이다.

달콤한 유혹

지금도 훈이는 마음에 들지 않는 일이 있으면 발작을 일으키거나 폭언을 내뱉고 물건에 몸을 부딪치곤 한다. 수영장에서 도망쳐 길에서 울부짖기도 한다. 친구들을 성가시게 해서 문제가 될 때도 있다. 하지만 그래도 엄마는 순수한 마음으로 훈이를 사랑스럽게 여긴다. 훈이가 순수하기 때문이다.

자신이 집착하는 일에 방해를 받으면 폭발하고 일정이 틀어지면 화를 낸다. 좋아하는 화장실 변기나 철도를 보는 일을 제지했다기 는 큰일이 난다. 그러나 훈이는 거짓말을 하거나 흥정을 하고 눈치를 봐가며 계산하지는 않는다.

요즘 들어 걸핏하면 엄마의 말꼬리를 물고 늘어지며 불평하지만 이것도 늦게 찾아온 반항기처럼 보인다. 그런 태도까지 전부 포함해서 엄마에게는 훈이가 영원히 사랑스러운 아이다.

자폐 아이를 키우면서 엄마의 세계는 넓어졌다. 엄마는 지금까지 전혀 알지 못했던 세계 속으로 들어갔다. 자폐증은 참 신기하다. 다른 사람의 마음을 읽지 못하지만 보통 사람보다 훨씬 뛰어난 기억력을 가지고 있다. 소리를 싫어하는데도 절대음감을 가지고 있다. 이 얼마나 특별한 아이인가. 자폐아의 세계를 알게 되면서 엄마는 기존의 가치관이 완전히 뒤집히는 경험을 했고, 이를 통해 인생의 깊이를 깨달았다. 자칫 단조로워 보일 수 있는 자폐의 세계가 사실은 풍요로우며, 그런 아이를 키우면서 엄마의 인생도 풍요로워졌다.

훈이 덕분에 다른 유형의 자폐 아이나 다운증후군 아이, 기타 염색체 이상을 가진 아이나 중도 장애아가 눈에 들어오게 되었다. 각각의 가정이 저마다의 어려움 속에서도 열심히 살아가는 모습을 바라보게 된 것이다. 그렇다고 엄마 자신이 염색체 이상 아이를 자녀로 둔 부모의 심정을 다 안다는 이야기는 아니다. 당사자가 되어보지 않으면 완전히 알 수는 없다. 다만 그러한 모습을 접하면서 엄마는 다양한 장애, 다양한 가치관, 다양한 삶의 방식이 있다는 것을 알게 되었다. 그리고 이렇게 다양한 사람들과 함께 사는 사회가 여기 있음을 실감했다.

우연히 본 텔레비전의 NHK 장애인 정보 버라이어티 프로그램에서 "이 열매를 먹으면 일반 사람이 될 수 있는데, 당신이라면 먹을 건가요?" 하고 장애인들에게 묻고 있다.

장애의 세계에서는 반드시 듣게 되는 질문이다.

엄마는 생각한다. 훈이는 지적장애를 동반한 자폐증을 갖고 있다. 자폐증이 없는 훈이는 더 이상 훈이가 아니다. 역시 있는 그대로의 모습이 좋다고 말이다.

열
여
덟

장애아를 낳지 않기 위한 검사

●●● 산전 기형아 선별 검사는 임신 중에 태아의 기형 여부를 알기 위해 시행하는 생화학적 검사다. 한국에서 시행되는 검사는 임신 11~12주에 하는 '다운증후군 통합선별검사'와 16주에 하는 '쿼드마커 검사' 그리고 고위험군을 위한 '니프트(NIPT) 검사'가 있다. '다운증후군 통합선별검사'는 임부의 혈액 검사와 초음파를 이용한 태아의 목덜미 투명대 검사이며, '쿼드마커 검사'는 본 장 후반부에 나온 트리플마커 검사에 한 가지 물질을 추가한 것이다.
기형아 확진 검사로 임신 초기에는 '융모막 융모검사', 임신 중기에는 '양수 검사'가 있다.

산전검사의 의미

　　2013년 4월, 신형 산전검사가 시작되었다. 신형이라고 불리는 것은 기존 검사와 방법이 완전히 다르기 때문이다. 신형 산전검사는 임부의 혈액 검사로 진행된다. DNA는 아데닌(A), 구아닌(G), 시토신(C), 티민(T)이라는 네 문자의 나열로 이루어져 있는데, 채취한 혈액에 들어 있는 DNA의 문자를 엄마에게서 유래한 것과 태아에게서 유래한 것으로 구별하지 않고 모두 해독해버린다.

　인간의 염색체는 아빠로부터 23개, 엄마로부터 23개를 받아 총 46개로 구성된다. 그리고 큰 순서대로 1번 염색체, 2번 염색체, 3번 염색체······로 번호가 매겨진다. 현대 의학은 DNA의 문자 배열을 읽으면 그것이 몇 번 염색체 위에 있는지 이미 알 수 있다. 이렇게 엄마와 아이의 모든 DNA를 해독해 염색체의 양을 읽어낸다.

　다운증후군인 태아는 21번 염색체가 세 개로, 제21의 트리소미라고도 한다. 태아가 정상이면 엄마와 태아의 21번 염색체의 합계에서 유래하는 DNA는 전체의 1.3퍼센트다. 그런데 태아가 다운증후군이면 그만큼

21번 염색체에서 유래하는 DNA의 양이 늘어난다. 본래 1.3퍼센트여야 하는데 1.42퍼센트로 증가한다.

즉, 21번 염색체에서 유래하는 DNA의 비율이 증가하면 태아는 제21의 트리소미라고 진단 가능하다. 마찬가지로 제13의 트리소미, 제18의 트리소미도 진단할 수 있다. 단, 이 검사의 정밀도는 매우 높지만 백 퍼센트는 아니다. 따라서 신형 산전검사에서 '양성'이라는 진단을 받은 경우 양수 검사를 통해 양수 내의 태아 DNA를 직접 알아보아야 한다. 참고로 양수 검사는 0.3퍼센트의 확률로 유산이 될 위험이 있다.

신형 산전검사를 받으려면 분만 시 연령이 35세 이상이거나 염색체 이상 아이를 임신한 경험이 있어야 한다는 조건이 있다. 200만 원이나 되는 비용에도 불구하고 일본에서는 2013년 4월부터 2017년 9월까지 5만 1,139명이 이 검사를 받았다. 검사 결과 933명이 양성 판정을 받았다. 이 중 임신을 지속한 임부는 26명으로 2.8퍼센트였다. 태아가 자궁 내에서 사망한 경우도 있지만, 양수 검사에서 확정 진단을 받고 혹은 양수 검사를 받지 않고 인공 임신중절을 선택한 임부가 90퍼센트가 넘는다.

엄마는 이런 보도를 접할 때면 복잡한 심경을 감출 수 없다. 보험이 적용되는 것은 아니지만, 학회가 임상시험이라고 인정하고 정부도 시인하는 검사인 이상 신형 산전검사를 받을지 말지는 개인의 자유라고 생각한다. 90퍼센트가 넘는 임부가 인공 임신중절을 선택했다고 해서 윤리적으로 받지 말아야 할 검사라고 주장할 생각은 없다.

얼마 전에 텔레비전을 보는데 산부인과 의사가 나와서 이렇게 말했다.

"임신 중에는 배 속의 아기에게 질병이나 장애가 없는지 매우 불안한 법입니다. 그러니 임신 초기에 배 속의 아기가 건강하다는 것을 증명하고 정신적으로 안정된 상태에서 임신 기간을 보내도록 하기 위해 진행합니다. 배 속의 아기에게 장애가 있다는 걸 알게 된 경우에 임신 기간 동안 출산 후의 양육에 대해 충분히 생각할 수 있지요."

엄마는 이 의사의 설명이 불편하게 느껴졌다. 검사에서 음성이라는 판정을 받으면 안심할 수 있겠지. 하지만 양성이라고 하면 어떨까? 그때 부모는 얼마나 고뇌하게 될까? 의사의 설명에서는 그런 관점을 찾아볼 수 없었다.

안심을 당신 손에

하지만 엄마는 검사를 받는 예비 부모의 마음을 충분히 이해한다. 실은 그녀 역시 산전검사를 받았다. 물론 당시에는 신형 산전검사는 아니었다. 엄마는 2000년 무렵에 많이 진행된 트리플마커 검사를 받았다. 이 검사를 통해 제21의 트리소미, 제18의 트리소미, 이분척추증이라는 등뼈 질환에 대한 확률을 추정할 수 있다. 검사는 역시 혈액 채취로 이루어지며 검사 비용은 20만 원 정도다.

세 가지 마커는 다음과 같다.

- 알파태아단백(태아 유래 단백질)
- 사람 융모성 성선자극호르몬(태반에서 분비되는 호르몬)
- 에스트리올(태아 유래 호르몬)

이것들의 수치가 임부의 연령에 비춰보아 정상치보다 높은지 낮은지를 계산한다.

1994년 일본에 등장한 이 검사는 1996년 이후 널리 시행되었는데, 산부인과 현장에서는 혼란이 컸다. 검사 결과를 다운증후군 아이가 태어날 확률이 '있다/없다' 식으로밖에 전달하지 못했기 때문에, 결과의 해석을 둘러싸고 임부가 막연한 불안에 휩싸이기도 했다. 의사도 검사 결과를 어떻게 전달해야 할지, 애당초 이 검사의 존재를 임부에게 알려야만 하는 것인지에 대해 의견이 나뉘었다.

이에 당시 일본 후생성(한국의 '보건복지부'에 해당한다)이 사태를 수습하고자 나섰고 1999년에 통지한 내용은 다음과 같았다.

'의사는 임부에게 본 검사의 정보를 적극적으로 알릴 필요는 없으며, 본 검사를 권장해야 하는 것도 아니다.'

엄마는 이 년 동안 불임 치료를 한 끝에 2000년에 훈이를 가졌다. 불임클리닉의 대기실 의자에 앉아 있던 엄마의 눈에 벽에 붙어 있는 한 장의 포스터가 들어왔다.

'안심을 당신 손에'

트리플마커 검사에 대한 안내였다.

앞으로 긴 임신 기간을 '배 속의 아이가 장애아라면 어떻게 할까?' 하고 고심하며 보내기는 싫었다. 검사 결과가 안심해도 된다고 하면 평온한 마음으로 열 달을 보낼 수 있다. 엄마는 그런 가벼운 마음으로 트리플마커 검사를 받기로 했다. 이때 엄마의 나이는 38세였고 다운증후군 아이가 태어날 확률은 175분의 1, 즉 0.6퍼센트였다.

장애아는 필요 없어

혈액을 채취하고 닷새 후 클리닉을 다시 찾았다. 결과가 표시된 용지를 전해 받았는데, 거기에는 이렇게 적혀 있었다.

'양성: 다운증후군 가능성
80퍼센트'

너무 큰 충격에 어떻게 집에 돌아왔는지 엄마는 거의 기억하지 못한다. 거리가 전부 회색빛으로 보였던 것만은 뇌리에 박혀 있다. 임신 사실을 알고 온통 장밋빛으로 빛나던 세상이 단번에 뒤바뀐 것이다.

'불임 치료까지 하며 어렵게 얻은 아이인데 어째서 이런 일이 ⋯⋯.'

223

깊은 나락으로 떨어진 것 같았다.

엄마는 불임클리닉의 산부인과 의사에게 받은 소개장을 손에 쥐고 있었다. 양수 검사는 다른 병원에서 진행해야만 한다. 오 일 후 엄마는 결심을 굳히고 고쿠사이신젠종합병원으로 가서 입원했다.

검사 당일 처치실로 불려갔다. 하지만 그곳은 양수 검사 전용 룸이 아닌 듯했다. 생각해보면 병원도 양수 검사를 수시로 하는 것은 아니었다. 주위에서는 진통으로 고통스러워하는 임부의 소리와 건강하게 울음을 터뜨리는 아기들의 소리가 들려왔다.

자신과는 너무도 다른 처지의 사람들 속에서 비참해진 엄마는 눈물이 멈추지 않았다. 간호사가 등을 쓰다듬어주며 "그렇게 울면 배 속 아이에게 좋지 않아요"라며 달랬다.

곧바로 의사가 나타났다. 얼굴에는 주름이 잡힌 채 엄한 표정을 짓고 있었다.

"뭘 그렇게 울고 계세요! 장애아라면 필요 없으니까 이 검사를 받고 있는 거잖아요? 어떤 아이라도 낳을 각오라면 이런 검사는 안 받지요. 울어도 소용없는 일이에요. 검사 그만하시겠어요?"

그때 엄마는 자신의 마음이 무엇인지 분명히 깨달았다. 의사의 말이 옳았다. 자신은 낳을지 말지 선택하기 위해서가 아니라, 장애아를 낳지 않기 위해 검사를 받는다.

검사 결과가 나오려면 3주가 걸리고, 인공 임신중절은 임신 22주 미만일 때만 가능하다. 엄마는 이미 20주 차에 가까워지고 있었다.

태동을 느끼면서 엄마는 고민하고 또 고민했다. 머릿속은 늘 배 속의 아이에 대한 생각으로 가득했고, 밥맛도 잊은 채 무엇을 봐도 기쁘지가 않았다. 마음이 다른 곳에 가 있는 상태로 하루하루를 보냈다.

친정어머니는 장애아가 태어나는 것에 대해 부정적이었다.

"힘든 아이를 낳으면 네가 고생할 게 뻔해. 아이도 자기를 낳은 걸 원망할지 모르니, 다운증후군이면 중절하거라."

검사 결과는 정상이었다. 훈이는 그렇게 태어났다. 다운증후군은 아니었지만 자폐증을 가지고 말이다.

진정한 의미의 부모

훈이가 어린이집에 다니던 시절, 엄마는 다운증후군 아이의 부모가 부러웠다. 다운증후군인 아이는 의사소통도 가능하고 부모의 말에도 잘 따랐다. 순수하고 사랑스럽다. 훈이가 자폐증이 아니라 다운증후군이었다면 좋았을 것을 하고 몇 번이나 생각했다. 그리고 양수 검사를 받았던 자신의 행위가 무의미했음을 절실히 통감했다.

의학서를 펼쳐 선천기형 일람을 보면 다운증후군을 비롯해 빈도가 높은 질환이 나온다. 외과적인 질환이 많은데 수술하면 나을 수 있다. 장애아로 살아가야만 하는 선천기형은 다운증후군이 대표적인지도 모른다. 그래서 산전검사를 통해 다운증후군인지 확인하고, 그렇다고 하면 중절하려는 사람이 많은 것이리라.

하지만 장애아와 선천기형은 동의어가 아니다. 분만 시의 문제로 저산소증 때문에 중도의 심신장애를 갖게 되는 아이도 있다. 출산 직후에는 면역력이 약해서 중도 감염증으로 인해 뇌에 장애가 생기기도 한다. 원인 불명의 시각장애나 청각장애가 생기는 아이도 있다. 그리고 열다섯 명 중 한 명꼴로 생긴다는 발달장애는 이러한 산전검사로는 알 수 없다.

그래도 엄마는 장애아를 가지는 것에 대해 불안해하는 부모의 마음을 알 것 같다.

"아무리 해도 장애아를 키울 용기와 자신이 없어요."

"장애를 가진 동생 때문에 큰애의 결혼에 지장이 생기면 안 돼요."

"부모가 죽은 후에는 형제에게 부담이 갈 텐데, 그걸 알고도 장애아를 낳을 수는 없지요."

이런 이야기들을 들을 때가 많다. 연간 1만 명의 임부가 신형 산전검사를 받는 현실이 이해가 되기도 한다. 검사를 받는 것은 자유지만, 검사를 받고 '다운증후군이 아닌' 아이를 낳기로 결정한 이상은 어떤 장애를 가진 아이라도 받아들여야만 한다고 생각한다.

신형 산전검사는 채혈만으로 높은 정밀도의 결과를 얻을 수 있다. 그래서 검사에 대한 심리적 문턱이 낮아졌다는 지적도 있다. 그것이 좋은지 나쁜지 엄마는 모른다. 하지만 간단히 할 수 있어서 편리하다는 이유로 검사를 받는 것은 권하고 싶지 않다. 다운증후군을 비롯한 제13의 트리소미나 제18의 트리소미에 대해 더 잘 알아본 후에 검사를 받았으면 싶다.

엄마 자신도 훈이를 임신했을 때는 진정한 의미의 부모는 아니었다. 자폐 아이를 키우면서 '이런 아이는 받아들일 수 없어, 이런 아이라면 받아들일 수 있어'라는 조건부의 사랑이 달라졌다.

'아이에게 장애가 있든 없든 그 아이를 키우면서 부모가 된다.'

훈이를 십칠 년 동안 키우면서 엄마는 그렇게 생각하게 되었다.

열아홉

오늘까지 그리고 내일부터

내 아이는 발달장애

2015년에 엄마는 이십 년간 경영해온 유아학습교실을 내려놓았다. 지금은 강연하고 책을 쓰며 생활한다. 강연 내용은 유아교육과 발달장애 아동의 양육법에 대한 것들이다.

현재 열일곱 살인 훈이가 처음으로 '지적장애를 동반한 자폐증'이라는 선고를 받은 것은 지금으로부터 십오 년 전의 일이다. 당시 엄마는 생활을 위해 매일 필사적으로 살았다. 이렇게 강연하며 자폐 아이의 양육법을 젊은 엄마들에게 알려주는 날이 오리라고는 상상도 못했다.

강연을 마무리하기 전에 질의응답 시간을 가졌음에도 강연이 끝나고 엄마 앞에 행렬이 생기는 경우가 많았다. 다양한 질문이 날아드는데, 그중 가장 많은 이야기가 가족들의 이해를 구하기 어렵다는 고민이다.

자녀가 자폐증일지도 모른다는 사실을 제일 먼저 알아차리는 사람은 당연히 엄마다. 불안한 엄마는 이렇게 강연회를 찾는다. 아빠는 엄마에 비하면 아이와 함께 보내는 시간이 훨씬 적다. 어린이집이나 학교를 방문하는 일도 드물다. 일반 아이들과 자신의 아이가 어떻게 다른지 목격

할 일도 없다. 그러니 자폐증이라는 말에 거부 반응을 보인다. 단순한 개성이라고 주장하기도 한다. 하지만 엄마는 진실을 안다. 아이에 대해 충분히 알고 있기 때문이다.

"우리 애가 행동이 이상해요. 말도 느리고요. 남편에게 상의해보려고 해도 상대를 안 해줘요."

"아이를 병원에 데려가려고 하는데 남편이 반대해요. 어떻게 하면 좋을까요?"

발달장애라는 말은 인정해도 낫지 않는 장애라는 사실은 인정하지 않는 경우도 있다.

"치료교육수첩을 받으려고 했더니 남편이 반대했어요. 시어머니도 반대하고요."

"학교는 어떻게 하면 되나요? 남편은 일반 학교의 일반 학급에 넣으라고 고집을 피워요."

그럴 때 엄마는 가족을 설득하는 데 쓸데없는 시간을 들이지 말라고 조언한다. 일일이 가족의 허락을 받을 필요는 없다. 조용히 병원에 가서 진단을 받고 치료교육수첩을 받아 감춰두면 된다. 엄마는 '가족과의 관계로 스트레스를 받는 건 무의미한 노력과 시간의 낭비이니 아이를 위해 무엇을 해야 할지 생각하라'고 설명한다.

유치원이나 어린이집 교사가 상담을 청해오기도 한다. 원아가 발달장애를 갖고 있는 것 같다고 말이다. 특히 명백히 드러나는 이상이 없는 경우에 대응이 어렵다. 부모는 알아차리지 못하고 있다. 섣불리 부모에게 자녀가 발달장애일지 모르니 병원에서 상담을 받아보라는 말을 하면 대부분 문제가 생기기도 한다. 울음을 터뜨리거나 화를 내는 부모가 있기 때문이다.

그래도 엄마는 아이를 위해 무엇이 가장 중요한지 생각해서 부모에게 발달장애의 가능성을 잘 전달하라고 타이른다. 유치원이나 어린이집의 교사는 아이들을 맡아서 돌보는 매우 중요한 일을 하고 있으니 그만한 책임이 있다. 누군가 말하지 않으면 아이의 장애는 간과될지도 모른다. 아이를 생각한다면 용기를 갖고 말해주어야 한다는 것이 엄마의 생각이다. 늦기 전에 말이다.

젊은 엄마의 질문

세세하게 질문하는 경우도 있다. 어린이집 교사는 "원아가 집착이 심한데 어떻게 대응하면 좋을까요?" 하고 묻기도 한다.

엄마는 이렇게 대답한다.

"응해주세요. 금지할 필요는 없어요. 백 퍼센트 아이의 요구에 응해주세요."

젊은 엄마가 묻는다.

"분노발작에는 어떻게 대처하면 될까요?"

"일단 일어난 발작을 막을 수는 없어요. 진정하라고 말할 필요도 없으니 내버려 두세요. 시간이 지나기를 기다리면 됩니다. 부모가 혼내거나 멈추려고 하면 발작이 더 심해집니다. 발작이 발작을 부르니까 견디기 힘들면 어머님이 귀마개를 하고 다른 방에 피해 있으세요."

젊은 엄마의 질문은 계속된다.

"상대방의 기분을 모를 때는 어떻게 설명하면 좋을까요?"

"그건 어쩔 수 없는 거예요. 같은 일을 당하면 본인도 싫을 거라는 생각은 절대 안 합니다. 그러니 상대방의 기분을 생각해보라고 해봐야 통하지 않아요. 그러니까 만약 그 행위를 상대에게 했을 때 어떤 결말이 기다리고 있는지를 설명하고, 그래도 할 건지 본인에게 고르게 하면 됩니다."

엄마는 훈이와 함께 오늘까지 십칠 년을 살아왔다. 힘든 일도 많았다. 하지만 이제 와서 말할 수 있는 것은, 아니, 지금이니까 말할 수 있는 것인지도 모르지만, 자폐 아이를 키우는 일이 그리 고통스럽지만은 않다는 사실이다. 자녀가 자폐증이라는 사실을 알게 된 젊은 엄마는 울음을 터뜨린다. 하지만 울 필요는 없다. 우는 것은 불안한 미래 때문일 것이다.

신형 산전검사에서 다운증후군 진단을 받은 사람들 중 90퍼센트 이상이 중절을 선택하는 것은 앞이 보이지 않는 불안 때문이다. 이제 막 자녀의 자폐증 진단을 받은 젊은 엄마가 우는 이유와 같다. 그러나 태어난 아이는 키울 수밖에 없다. 육아를 포기하는 일은 허락되지 않는다.

불안을 느끼는 이유에는 금전적인 문제도 있다. 그런데 일본의 복지는 나날이 좋아지고 있다. 치료교육수첩을 받을 정도의 장애를 가지고 있으면 놀랄 만큼 돈이 안 든다. 대중교통을 이용할 때도 지출을 줄일 수 있고, 아이가 비싼 학원에 다니거나 유명한 사립학교에 가는 일도 없다. 오히려 특별아동양육수당을 받을 수 있다. 장애의 정도에 따라 1급은 한 달에 약 50만 원, 2급은 약 30만 원을 받는다. 매달 50만 원을 이십 년 동안 모으면 1억 2,000만 원이 된다.

방과후 서비스를 받으러 가보면 훈이보다도 훨씬 심한 장애를 가진 아이가 몇 명이나 있다. 들어본 적도 없는 병명을 가진 아이도 있다. 하지만 그 아이들의 엄마가 매일 울고 있느냐면 그렇지 않다. 나름대로 밝고 즐겁게 살아간다. 다양한 장애를 가진 아이들이 각자의 삶을 산다. 엄마는 한 다운증후군 아이의 엄마와 속을 터놓는 사이다.

그 엄마는 자녀의 외모에 유난히 신경을 썼다. 그녀가 말했다.

"훈이는 좋겠어. 어디로 보나 일반 애들 같잖아."

하지만 엄마는 그렇지 않다고 그녀를 위로한다.

"일반 아이인 것 같아 보이는데 그렇지 않으니까 난감한 거야. 차라리 장애가 눈에 보이면 배려도 받고 좋지. 일일이 설명할 필요도 없고. 안 그래?"

이런 대화를 나눌 수 있는 건 오랜 시간에 걸쳐 장애 아이를 가진 슬픔을 뛰어넘고 지금에 다다랐기 때문이다.

그래서 장애 아이를 둔 부모에게 다른 장애 아이의 부모들과 교류하라고 적극적으로 권한다. 일반 아이들과의 교류에 집착하는 부모는 그 아이들과 자기 아이의 차이를 목격하고 괴로워한다. 복지 서비스, 학교, 취업, 생활에 관련된 정보도 얻을 수 없다. 가족 모임은 많다. 아이의 장애를 알면 처음에는 울겠지만, 그런 다음에는 인터넷만 보지 말고 실제로 가족들 모임에 가보는 것이 중요하다. 아이들은 놀이 상대가 생기고 부모도 교류를 통해 정보를 얻을 수 있다.

과거를 돌아보면 엄마 자신의 생각도 꽤 많이 달라졌다. '친구가 없으면 외롭겠지', '단체행동을 못하면 안 돼'라는 것은 일반 사람인 엄마의 사고법이었다. 훈이는 다른 사람들과 교류하고 싶어 하지 않는다는 걸 알게 되었다. 친구가 필요하다고 생각하지 않고 실제로 친한 친구도 없다. 그것이 자폐 아이의 사고방식이다. 일반 사람들의 뇌로 아이의 행복을 재단해서는 안 된다. 자폐 아이의 뇌로 생각해주면 된다. 훈이는 자폐의 세계를 살고 있으니 그 세계관 속에서 즐거움을 찾으면 된다.

아이를 바꾸려고 해서는 안 된다. 부모가 달라져야 한다.

결혼식 참석

오늘도 훈이는 8시 2분에 집을 나서 학교에 간다. 돌아오는 길에는 방과후 서비스에 들렀다가 18시 30분에 집에 도착한다. 정해진 시간에 저녁을 먹고 목욕을 하고 잠자리에 든다. 토요일은 아침부터 활동보조 교사(활동보조는 장애인의 외출이나 이동에 도움을 제공하는 보조인을 붙여주고 그 비용을 국가가 지불하는 제도다. 한국의 장애인 활동보조인 서비스는 2007년 도입되었다)와 외출하는 것이 규칙이다. 지난주에는 낚시카페에 다녀왔다. 일요일은 할머니 댁에 간다. 혼자 생활하는 친정어머니는 여든이 넘으면서 외로움을 많이 탄다. 친정아버지가 돌아가셨기 때문에 훈이가 부담 없이 갈 수 있다. 친정어머니 댁에서 말동무라도 되어드린다면 훈훈한 이야기가 되겠지만, 거기서도 훈이는 컴퓨터로 화장실 변기와 철도 동영상만 본다. 그러다가 지겨워지면 집 안을 뛰어다닌다. 동일한 흐름으로 일주일이 흘러간다.

며칠 전에 작은 변화가 있었다. 결혼식에 초대를 받은 것이다. 훈이가 초등학교 1학년 때부터 다니고 있는 방과후 서비스의 직원 두 사람이 결혼하게 되었다.

엄마는 살짝 불안했다. 그런 중요한 행사에서 훈이가 발작을 일으키거나 날뛰면 죄송한 마음만으로 끝날 문제가 아니기 때문이다. 조심스레 연락해보니 예비부부는 훈이가 결혼식에 꼭 참석했으면 했다.

훈이에게 초대장이 도착했다. 훈이는 결혼식 날까지 몇 번이고 초대장 봉투에서 카드를 꺼내 내용을 확인했다. 그날이 오기를 고대하고 있는 모양이었다.

결혼식 당일, 훈이는 교복 차림에 할아버지 유품인 넥타이를 매기로 했다. 행사는 오후 다섯 시부터였지만 훈이는 아침부터 줄곧 몇 종류의 넥타이를 가슴에 대보면서 어울리는지 확인했다. 집을 나서기 전에는 긴장했지만 예식장에 도착하자 기뻐하며 온 얼굴에 미소를 띠었다.

예식에는 방과후 서비스에 참여하는 장애 아이 수십 명이 초대되었다. 새로운 장소가 낯선 탓에 울며 소리치는 아이도 많았다. 식장에 들어가지 않고 입구에 서서 우는 아이도 있었다. 자폐 아이는 이런 장소를 어려워한다. 물론 방과후 서비스에서 일하는 신랑 신부가 아이들을 초대한 것도 그 때문이다. 이런 기회조차 없으면 이 아이들은 사회를 엿볼수가 없다.

훈이는 역시 처음 가는 장소에 강했다. 자리에 잘 앉아서 예식을 지켜보고 요리를 먹었다. 신랑이 신부의 이마에 입을 맞추는 장면에서는 긴장했던 훈이의 표정이 풀어졌다. 쑥스러운 듯했다.

예식은 웃음소리와 울음소리가 뒤섞여 매우 소란스러웠다. 시끄럽다고 해야 할 정도였다. 하지만 모두가 아이들을 이해하고 있었기에 누구하나 조용히 하라며 야단치지 않았다. 엄마는 좋은 시간이 흘러간다고 생각했다.

마지막으로 신랑과 신부가 인사를 위해 일어섰다. 신랑신부의 멋진 인사말이 끝나자 일제히 박수가 터져 나왔다. 훈이도 다른 사람들과 함께 박수를 보냈다. 늠름한 표정이었다.

그리고 내일도 엄마와 훈이는 오늘처럼 함께 살아간다.

글을 마치며

나는 2017년 10월부터 요미우리 신문의 뉴스 사이트 요미닥터에서 '생명은 빛난다 – 장애·질병과 살아가는 아이들'이라는 제목으로 글을 연재하고 있다. 이 연재가 큰 반향을 일으키며 많은 이들로부터 의견을 듣고 문의를 받았다. 그중 한 사람이 바로 장애아를 수용하는 기사를 읽은 다테이시 미쓰코 씨였다. 훈이의 엄마다.

그녀는 유아교육 및 육아와 관련해 글을 쓰고 강연하고 있다. 베스트셀러가 된 책도 많다. 자신의 양육을 예로 들어가며 자폐 아이의 학교 선정을 중심으로 한 실용적인 책도 집필했다. 나는 그녀와 아들 훈이 군이 보낸 십칠 년간의 삶의 족적을 한 권의 책에 담고 싶었고 이야기를 들려달라고 부탁했다.

논픽션을 쓸 때는 필자의 취재력과 표현력이 중요하지만, 그 이상으로 취재 대상의 말하는 힘도 중요하다. 나는 그런 대상이 나타나 주기를 오랫동안 기다려왔다. 프로 저자이자 강연가인 다테이시 씨의 이야기가 가진 힘은 더 말할 것도 없었다. 지바시에 사는 나로서는 그녀가 도쿄에 사는 것도 행운이었다. 단순히 이야기만 들은 것이 아니라 많은 동영상도 함께 볼 수 있었다.

내가 그녀에게 이야기를 들려달라고 부탁한 이유가 또 하나 있었다. 바로 아들 훈이의 풍모와 모습이 매력적이었기 때문이다. 어린 수행승 같기도 하고 학자처럼 보이는 분위기가 매우 매력적이었다. 실제로 만나 보니 나의 기대가 어긋나지 않았다.

나는 전에 선천성 염색체 이상을 가진 아동의 가족과 집에서 인공호흡기를 달고 있는 소년의 가족에 대한 이야기를 책으로 엮은 적이 있었다. 그런 책의 주제는 모두 장애의 수용이다. 이 책 역시 지적장애를 동반한 자폐 아이의 풍요로운 세계를 그려냄과 동시에 어머니가 자녀의 장애를 받아들이고 '보통'이나 '일반' 또는 '다른 사람처럼'을 강요하는 속박에서 벗어나는 과정을 그리고 있다.

우리 문화는 일률적이어서 튀어나온 못이 정 맞는다며 도드라지지 않는 것을 미덕으로 여긴다. 눈치껏 분위기를 읽을 줄 아는 사람을 똑똑하다고 여기고, 일단 집단이 형성되면 그 집단 내의 사람들은 대부분 같은 생각에 물들기 쉽다. 따라서 집단에서 제외되면 꽤나 고달프다. 다양성이 중요하다고들 말하지만, 우리 사회는 진정한 의미의 다양함이 아직 자리 잡지 못했다는 생각이 든다. 갑갑함을 느끼는 사람들도 꽤 있을 것이다. 다테이시 씨 모자의 삶은 그런 갑갑함을 날려버리는 바람 같았다.

독자 여러분은 이 책을 어떻게 읽을까? 다양하게 읽을 수 있을 것이다. 자폐증과 직접적인 관계가 없어도 삶의 어려움을 느끼는 아이들은 많다. 그로 인해 가족 모두가 고민하기도 한다. 그런 어려움에 직면했을 때 이 책이 그것을 뛰어넘는 힘이 된다면 좋겠다.

상세히 적지는 않겠지만 내 아이에게도 어려운 질병이 있어서 앞으로 어떻게 살아갈지 내다보기 힘들다. 이 책을 쓰는 동안에 다테이시 씨와 아들 훈이 군에게서 나의 그런 불안에 맞설 용기를 얻을 수 있었다. 그러니 모든 독자의 가슴에 어떤 것이라도 남는다면 나는 더없이 기쁠 것이다. 그리고 이 책을 통해 자폐 아이의 세계를 조금 더 이해하게 되었다면 나는 물론이고 다테이시 씨와 훈이 군에게도 무척 뜻깊은 일이 되리라 생각한다.

마지막으로 덧붙이자면 특별지원학교는 2007년 3월 31일 이전에는 양호학교라고 불렀다. 훈이 군은 양호학교에 입학했고, 초등학교 2학년 때 특별지원학교로 명칭이 변경되었다. 하지만 표현의 번잡함을 피하기 위해 이 책에서는 특별지원학교라는 용어로 통일했다.

이 책을 집필하면서 출판사 관계자분들께 많은 조언을 받았다. 이 자리를 빌려 진심으로 감사를 전한다. 또한 다테이시 미쓰코 씨에게 강연이나 취재를 의뢰하고 싶다면 그녀의 홈페이지(tateishi-mitsuko.com)를 통해 연락하길 바란다.

2018년 8월 자택 서재에서

지은이 **마쓰나가 다다시**

만약 배 속의 아이에게 심각한 장애가 있다는 사실을 알고도 선뜻 아이를 낳겠다고 할 부모는 얼마나 될까? 나에게 물어본다. 솔직히 자신이 없다. 아이는 자신의 삶을 기쁘게 살아갈까? 부모인 내 인생은 어떻게 될까? 사람들의 시선은 어떨까? 결국 부모가 세상을 뜬 후에 아이는 홀로 잘 살아갈 수 있을까?

수많은 고민이 마음을 짓누른다. 그럼에도 아이를 낳기로 결정하는 부모도 있고 그 반대도 있다. 누가 이 선택에 대해 옳고 그름을 이야기할 수 있을까? 당사자가 되어보지 않고는 아무런 말도 할 수 없을 것이다. 뉴스를 달구는 특수학교 설립을 둘러싼 문제 하나만 보아도 우리가 사는 세상이 장애를 가진 이들이 살아가기에 얼마나 힘든 곳인지 느껴지지 않는가. 모든 아이들이 받아야 하는 의무교육조차도 부모가 삭발을 하고 무릎을 꿇어가며 호소해도 받기가 힘든 현실이다.

나는 이 책을 읽으면서 또 옮기면서 많은 감정의 변화를 겪었다. 소아외과 전문의인 저자가 제삼자로서 주인공 엄마와 아들의 이야기를 글로 옮겼는데도 자꾸만 내 머릿속에 생생한 그림이 그려졌다. 아이의 발달장애를 부인하고 절망하다가 수용해가는 과정들. 아이의 성장과 더불어 겪게 되는 새로운 난관이 이 엄마에게 얼마나 힘든 시련이었을까. 그럼에도 다시 힘을 내고 앞으로 나아가는 모습은 삶이란 무엇인지, 인생의 의미는 어디서 찾을 수 있는지에 대해 다시금 생각하게 만들었다.

유아교육 전문가인 주인공 엄마는 아들을 임신했을 때부터 교육에 열심이었다. 그냥 보통도 아닌 천재인 아이를 원했노라고 본문에서 스스로 고백했듯이 말이다. 자신은 그런 생각을 해본 적이 없다고 단언할 수 있는 부모가 몇이나 될까? 부모가 되어보니 알겠다. 자식에게 주고 싶은 사랑과 기대는 한없이 크기만 하다는 것을. 그런 마음을 가차 없이 꺾어버린 아들의 장애 진단과 어느 것 하나 쉽게 넘어가지 않는 생활 속에서 엄마는 어떤 생각을 했을까. 나 역시 두 아이를 둔 엄마로서 심경이 복잡했다.

그러나 책장이 넘어갈수록 멋모르는 나의 동정심이 바뀌었다. 이 아이가 가진 자폐스펙트럼장애는 결국에 엄마와 아들에게 오롯한 불행이었을까? '남들처럼'을 강요하는 세상에서 스스로 '다름'을 인정하고 걸어가는 삶의 여정은 우리가 상상하듯 괴로움 그 자체였을까?

아니었다. 아들은 자신의 세계 속에서 일상을 살고, 아들 덕분에 엄마의 세계는 넓어졌다. 자신의 시선이 머무를 일조차 없던 세상의 한쪽에 장애를 가진 많은 이들과 그 가족들의 삶이 존재한다는 것을 알게 되었다. 그들의 세계를 모른 채 끝나는 안락한 삶이 더 낫다고 말할 수 있을까? 절망적인 고통을 딛고 일어서는 인간의 삶은 얼마나 깊고 넓을 것인가 말이다.

책에는 주인공 훈이의 감정은 거의 드러나지 않는다. 자폐스펙트럼장애의 특성으로 인해 그가 자신의 감정이나 의사를 드러내는 일이 드물기 때문이다. 결국 모든 이야기는 엄마가 보고 듣고 느끼고 생각한 것들이다.

아들에게 하루하루가, 그리고 인생이 어떤 의미인지 엄마는 알고 싶으리라. 아들과 함께한 십칠 년, 그리고 함께할 앞으로의 시간들은 그것을 알아가는 여정이 될 것이라 생각한다. 그것은 어쩌면 우리가 생각하는 것과는 많이 다르지 않을까.

옮긴이 **황미숙**

부 록

발달장애 이해를 위한 기초 정보

●●● 이 부록은 마쓰나가 다다시 저자가 일본의 발달장애에 관해 설명한 것으로 한국의 발달장애와 차이가 있다. 전문 용어는 한국에서 사용하는 것으로 순화하였다. 추가된 한국의 내용은 감수자의 설명이다.

발달장애란 무엇인가?

최근 들어 발달장애라는 말을 접할 기회가 늘어나고 있다. 하지만 그런 것치고는 '발달장애란 무엇인가?'에 대해 제대로 설명할 수 있는 사람은 드물다. 질환의 개념이 시대와 더불어 조금씩 달라졌기 때문이다.

일본은 장애 유형을 크게 신체장애(시각·청각·지체장애 등), 지적장애, 정신장애(발달장애 포함) 등 세 유형으로 나눈다. 그 중 정신장애에 속하는 발달장애에 대한 정의는 2005년 제정된 '발달장애인지원법'에서 정의하였다. 이에 따르면 '발달장애란 자폐증, 아스퍼거증후군, 그 외의 전반적 발달장애, 학습장애, 주의력결핍과잉행동장애, 기타 이와 유사한 뇌기능의 장애이며 그 증상이 통상 낮은 연령에서 발현되는 것'이라고 적혀 있다.

※ 한국은 2015년 제정된 '발달장애인 권리보장 및 지원에 관한 법률'에서 일본과는 달리 자폐스펙트럼장애와 지적장애를 포함하며, ADHD와 학습장애는 포함하지 않는다.

DSM-5와 ICD-10

질환의 명칭과 분류 방법, 병의 개념은 매우 복잡하다. 국제적인 진단 기준이 두 가지여서 전문서를 읽으면 혼란스러울 때가 있다.

DSM은 미국정신의학회의 분류로 '정신질환의 진단·통계 매뉴얼'을 말한다. 현재 제5판이 나와 있으며, 이를 DSM-5라고 부른다.

ICD는 세계보건기구(WHO)에 따른 분류로 '국제질병분류'를 말한다. 현재 제10판이 사용되고 있으며, 이것을 ICD-10이라고 부른다. ICD-11로의 이행 작업이 진행 중이다.

이 둘은 다른 질환 개념에 기초해 작성되었으므로 사용되는 병명에도 차이가 있다. 아스퍼거증후군은 ICD-10에는 있지만 DSM-5에는 없다. 일본의 의료 현장에서는 의사가 두 가지를 다 이용하므로 여러 가지 진단명이 혼재한다.

레오 카너

미국인 아동정신과 의사인 레오 카너(Leo Kanner)는 1943년에 자폐증을 가진 아이들의 증례를 정리해 보고하고, 다음 해에 '조기 유아 자폐증'이라고 명명했다. 이것이 자폐증 연구의 시작이다. 참고로 '자폐적'이라는 말은 이미 20세기 초에 스위스의 정신과 의사인 오이겐 블로일러(Eugen Bleuler)에 의해 사용되었다. 그는 정신분열병(현재 조현병)을 명명한 자로, 분열병 환자가 자기의 세계에만 빠져버리는 모습을 '자폐적'이라고 표현했다. 카너는 자폐증을 조현병이 이른 시기에 나타난 것이라고 생각했다. 카너가 말하는 자폐증은 다음과 같다.

- 타인과의 접촉 결여
- 언어장애 / 언어지연
- 지적지연
- 반복적인 집착과 어떤 일을 동일하게 유지하고자 하는 욕구
- 뛰어난 기계적 기억

즉 오늘날로 말하자면 '지적장애를 동반한 자폐증'이다. 주인공 훈이가 여기에 해당한다.

한스 아스퍼거

오스트리아의 소아과 의사인 한스 아스퍼거(Hans Asperger)는 1944년에 레오 카너의 정의와는 다른 아이들의 증례를 보고했다.

- 사회성 장애 / 공감 능력의 결여
- 말은 하지만 어투나 내용이 보통의 일반 아이들과 다름

- 같은 일에 대한 반복적인 동작
- 손끝이 야무지지 않음
- 뛰어난 기억력
- 지적인 면에서 지연이 없음

아스퍼거가 보고한 증례는 앞에서 레오 카너의 자폐증에서 지적장애를 제외한 것에 매우 가깝다. 단, 말은 하지만 어투나 내용이 기이하고, 사회성 장애로 인해 '분위기 파악을 못하고 / 자리에 맞지 않는 말을 많이 하는' 결과를 초래한다.
아스퍼거의 보고는 독일어로 작성되었기 때문에 당시에 세계적으로 널리 알려지지는 못했다.

로나 윙

영국의 정신과 의사인 로나 윙(Lorna Wing)은 1970년대 후반에 아스퍼거증후군의 개념을 복권해 세상에 퍼뜨렸다. 또한 그녀는 자폐스펙트럼장애라는 개념을 제창했다. 레오 카너의 자폐증을 '지적장애를 동반한 자폐증', 아스퍼거의 자폐증을 '아스퍼거증후군'이라고 보고, 둘 사이에 명확한 구별은 없으며 스펙트럼(분광기에 의한 무지개) 같은 연속체라고 생각했다. 로나 윙은 자폐스펙트럼을 세 가지로 정의했다.

첫째, 사람과의 상호작용이 되지 않는다(타인과 쌍방향 소통이 안 된다)
둘째, 의사소통이 되지 않는다(의사를 전달하지 못한다)
셋째, 상상력 장애가 있다(상징놀이를 하지 못한다)

또 좁은 범위의 반복적인 활동이나 관심의 패턴이 있다는 것도 지적했다.

고기능 자폐증과 아스퍼거증후군

거의 같은 의미로 사용되기도 하는데, '지적지연은 없으나 언어지연이 있는' 경우 아스퍼거증후군이 아니라 고기능 자폐증이라는 질환명을 사용하기도 한다. 하지만 실제 임상 현장에서 둘을 구별하기는 어렵다.

전반적 발달장애

자폐스펙트럼장애와 같은 의미로 사용된다. DSM-IV의 Pervasive Developmental Disorder를 말하며, 일본은 '광범성 발달장애'로 부른다. 상세히 설명하면 '자폐증', '아스퍼거증후군'에 '비정형 자폐증'이나 '소아기붕괴증후군' 등의 드문 발달장애를 추가한 개념이 전반적 발달장애다. 주의력결핍과잉행동장애나 학습장애가 어떤 특정한 영역에서만 장애를 보이는 데 반해, 자폐스펙트럼장애는 전반적인 영역에서 발달장애가 보이기 때문에 '전반적'이라는 표현을 쓴다. DSM-5에는 전반적 발달장애라는 말은 없으며, 자폐스펙트럼장애가 이용되고 있다.

자폐스펙트럼장애의 개념

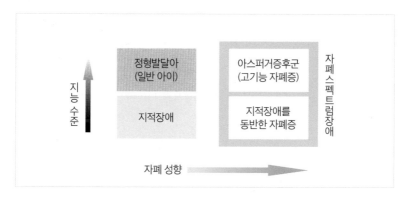

세로축에는 지능 수준, 가로축에는 자폐 성향의 정도를 나타낸다. 네 개 사이에 명류한 구분은 짓기 힘들다는 것이 특징이다. 정형발달아들도 지능지수(IQ)에는 큰 폭이 있다. IQ 70~75 부근은 정형발달과 지적장애의 경계라고 볼 수 있다. 아스퍼거증후군 역시 '분위기 파악을 못하는' 정도에서 '집착이 강하고 사회성이 지극히 부족한' 사람까지 다양하다.

자폐스펙트럼장애의 진단 기준

DSM-5에서는 자폐스펙트럼장애의 진단 기준을 다음 두 가지로 집약했다.

- 사회적 의사소통 장애
- 한정된 반복적 행동, 흥미, 활동

자폐스펙트럼장애의 감각과민 문제

감각과민의 문제는 DSM-5에서 처음 진단 기준에 추가되었다. 필자는 개인적으로 어째서 감각과민이 최근에 이르기까지 주목받지 못한 것인지 신기할 따름이다. 태어난 지 얼마 되지 않은 아이의 청각에 감각과민이 있으면 정상적인 발달은 불가능하다. 자폐 아이가 타인과의 사회적 관계 형성이 어렵고, 언어 발달이 늦으며, 흥미와 관심이 협소하고 특정한 것에만 집착하는 것은 그 바탕에 감각과민 문제가 있기 때문이라고 생각한다. 또한 불쾌한 것을 피하려 하다 보면 좋아하는 것에 집착하게 된다. 필자는 이것도 고착행동으로 나타나는 것으로 생각한다.

자폐스펙트럼장애라는 말

영어로는 Autism Spectrum Disorder: ASD라고 한다. Disorder란 '상태가 어지럽혀져 있다'거나 '질서가 깨져 있다'는 의미다. 따라서 '장애'라는 말은 부적절하다고 보는 시각도 있다. 의사에 따라서는 '자폐스펙트럼증'이라는 번역어를 쓰는 경우도 있다. '장애'라는 명칭에 문제가 있을 수도 있다.

'장애'라는 말의 의미나 정의에 대해서는 꽤 오래되었지만 1980년 WHO의 국제장애분류 장애구조모델의 설명이 이해하기 쉽다.

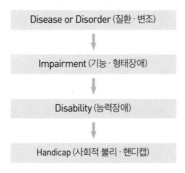

Disease or Disorder (질환 · 변조)

↓

Impairment (기능 · 형태장애)

↓

Disability (능력장애)

↓

Handicap (사회적 불리 · 핸디캡)

일례를 들면 '지적장애가 있는 자폐증'으로 태어나면 '지적 능력이 떨어지거나 타인과 의사소통이 되지 않는다'. 그 결과 '공부를 못하거나 타인과 공동 작업을 하지 못하므로' '일반 기업에 취직하기 힘들다'고 이해하는 것이다. 즉 진정한 의미의 '장애'란 사회와의 접점에서 발생하는 불이익이다. 따라서 '자폐증' 자체는 WHO의 생각에 따르면 '장애'의 원인이지, '장애' 자체는 아니다.

필자도 '장애'라는 말에 대해서는 재고의 여지가 있다고 생각한다. 아이에게 장애가 있는 것이 아니라, 사회에 장애가 있어서 아이가 사회에 나갔을 때 불이익을 입는다고 보기 때문이다.

주의력결핍과잉행동장애

영문 머리글자를 딴 ADHD(Attention Deficit / Hyperactivity Disorder)라는 용어가 더 익숙할지도 모르겠다. '주의력결핍'과 '과잉행동' 사이에 가운뎃점이나 슬래시(/)를 넣기도 하지만, 이 책에서는 그대로 썼다.

주요 증상은 다음 세 가지다.

첫째, 부주의
집중력이 없다 / 건망증이 심하다 / 쉽게 질린다 /
물건을 잘 잃어버린다 / 세세한 일을 잘 알아차리지 못한다

둘째, 과잉행동
자리에 앉아 있지 못하고 서서 돌아다닌다 / 가만히 있지 못한다 /
정신없이 까분다 / 손발을 가만히 두지 못한다 / 수업 중에도 소리를 낸다 /
정리를 잘 못한다

셋째, 충동성
다른 사람의 이야기를 끝까지 듣지 않고 떠든다 / 차례를 기다리지 못한다 /
새치기를 한다 / 생각나는 대로 행동하거나 말한다

이러한 증상 중에서 근본에 자리한 것은 '부주의'이며, 그 결과로 '과잉행동'과 '충동성'이 발생한다는 설이 있다. 주의력결핍과잉행동장애 아동은 자폐스펙트럼장애 아동보다 10배 정도 많다.

주의력결핍과잉행동장애에는 콘서타와 스트라테라, 인튜니브 등의 약물이 보험 적용이 되며 효과적이라는 의견도 있다. 이 증상을 가진 아이 중 일부는 교사나

주위에 반항하는 반항도전성장애(Oppositional Defiant Disorder)로 이행되기도 한다. 그중 일부는 소행장애(비행, Conduct Disorder)로 이행된다고 알려져 있다. 주의력결핍과잉행동장애는 그중 극히 일부가 인격장애로 발전하기도 한다. 따라서 과잉행동 단계에서 약물요법이 고려되기도 한다.

※ 한국은 반항도전성장애를 적대적반항장애, 소행장애를 품행장애로 부른다. DSM의 Oppositional Defiant Disorder와 Conduct Disorder에 해당한다.

학습장애(Learning Disorder)

영문의 머리글자를 따서 LD라고 하지만 학습장애라는 말이 더 일반적이다. 이 말은 교육용어로, 엄밀히 말하면 의학용어는 아니다.

전반적인 지능이 정상임에도 불구하고 '읽기', '쓰기', '듣기', '말하기', '계산', '추론' 등의 습득이나 사용에 장애가 있는 상태를 말한다. 말은 너무 잘하는데도 교과서를 소리 내어 읽지 못하거나 글자를 쓰지 못하기도 한다. 한 자리 수의 덧셈을 못 하거나 지도를 보고도 그 의미를 이해하지 못한다. 읽고 쓰는 데 어려움이 있는 경우를 '디스렉시아(난독증)'라고 부른다.

학습장애를 가진 아이는 의료기관에 다니지 않을 가능성이 높아서 정확한 환자 수는 알 수 없다. 하지만 필자는 교육 관계자들로부터 학습장애를 가진 아이들이 주의력결핍과잉행동장애 아동의 수와 비슷하거나 더 많다는 이야기를 들은 바 있다.

※ 한국도 학습장애가 의학용어는 아니며, 특수교육대상자의 진단과 배치를 위한 교육용어로만 사용된다. 실제 진단되는 아동 수는 많지 않다. 2019년 특수교육통계 기준 시 전체 특수교육대상자 중 1.5퍼센트에 해당한다. 일본과 달리, ADHD는 한국에서 특수교육 진단용어로 사용되지 않는다. 대신 '정서행동장애'라는 진단명이 있는데, 실제 진단되는 수는 많지 않다.

발달장애의 개념

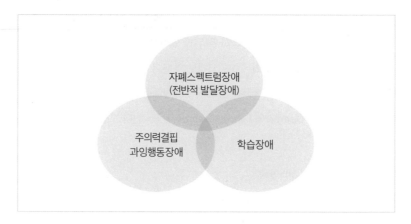

지금껏 설명했듯이 발달장애란 주로 자폐스펙트럼장애, 주의력결핍과잉행동장애, 학습장애를 말한다. 발달장애는 질환 개념의 총칭이지, 병명은 아니다.

이들 질환은 다른 질환과 함께 존재하는 경우도 드물지 않다. 많은 연구 보고에서 이러한 3가지 질환은 서로 수십 퍼센트 정도는 중복된다고 보고 있다. 질환이 겹치는 것 자체가 발달장애의 특징이라고도 할 수 있다.

발달장애는 선천성인가, 후천성인가?

발달장애는 영어로 Neurodevelopmental Disorder이며 '신경 발생·발달 이상'이라는 뜻이다. '발달장애'라는 말의 어감 때문인지 부모의 양육에 원인이 있다고 생각하는 사람들이 아직도 존재한다. '신경 발생·발달 이상'이라는 말 그대로 태생기에 뇌의 신경조직이 제대로 발생 및 발달하지 못했다고 하는 편이 이해하기 쉽다.

어떤 질환이 선천적인지 후천적인지를 알아보기 위해 쌍둥이 연구가 이용되었다.

일란성 쌍둥이는 둘의 유전 정보가 완전히 일치한다. 질환이 어떤 특정한 유전자 변이로 생긴 것이면 둘에게서 같은 질환이 나타난다. 가령 취약X증후군은 자폐증, 지적장애, 주의력결핍과잉행동장애 등을 보이는 증후군인데, FMR1 유전자 이상으로 인한 것이므로 쌍둥이 간의 일치율은 백 퍼센트다.

자폐증은 일란성 쌍둥이 간의 일치율이 70~90퍼센트다. 단일 유전자로 모든 원인을 설명할 수는 없지만, 선천성의 원인이 자폐증의 발생에 크게 연관되어 있음을 보여준다.

발달장애의 그레이 존

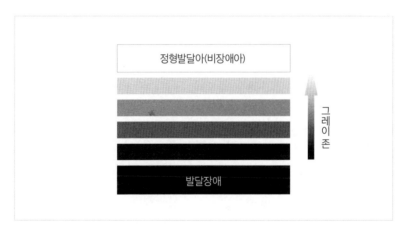

그레이 존(grey zone. 어느 영역에 속하는지 불분명한 중간 지대)은 의학용어가 아니므로 정확한 정의는 없지만 일반적으로는 자주 사용된다. 의학적인 발달장애의 진단 기준을 충족하지도 않고, 그렇다고 정형발달을 보이는 일반 아이라고는 말할 수 없는 경계 영역의 상태를 가리킨다. 발달장애의 증후 중 일부를 가지고 있으며 생활 면에서 어려움이 있는 경우에 그레이 존이라는 말을 쓴다.

내 아이는 자폐증입니다

초판 1쇄 인쇄 2020년 5월 15일
초판 1쇄 발행 2020년 5월 20일

지은이 마쓰나가 다다시
감　수 한상민
옮긴이 황미숙
펴낸이 박지원

독자교정단 김민지, 김아름, 김지은, 서민숙, 김준영, 김효윤, 신동민, 임현수, 현승미

펴낸곳 도서출판 마음책방
출판등록 2018. 9. 3. 제2019-000031호
주소 서울시 강서구 공항대로 209, 704호(마곡동, 지엠지엘스타)
대표전화 02-6951-2927
대표팩스 0303-3445-3356
이메일 maeumbooks@naver.com
ISBN 979-11-967827-9-5　　　　03590

한국어판 ⓒ 도서출판 마음책방, 2020

※ 도서출판 마음책방은
　심리 책으로 지친 마음을 위로하고, 발달장애 책으로 어린 아이들의 건강한 성장을 돕습니다.